面向"十二五"数字艺术设计规划教材

U0323541

Adobe
Photoshop
网页设计与制作
标准实训教程（CS5 修订版）

◎ 易锋教育　总策划
◎ 马增友 孙小艳 赵俊俏 李亚奇　编著

文化发展出版社
Cultural Development Press

内容提要

Photoshop是优秀的图像处理软件，随着功能的完善，日益成为广大网页设计师进行网页设计不可或缺的得力助手。本书内容完全基于真实网站案例"师生作品展示平台"进行组织编写，每章根据"模拟制作任务"、"知识点拓展"、"独立实践任务"、"职业技能知识点考核"的结构来组织内容，全方位剖析Photoshop在网页设计制作流程中的关键应用。着重训练读者使用Photoshop CS5软件进行图像处理和网页版式及特效页面视觉元素设计制作的技能实训教材。

书中提供了大量的网页元素设计图解，由浅入深地讲解网页设计制作中常用的按钮、导航栏、特效文字、版式及颜色的制作方法，使读者能够在短时间内全面地掌握网页设计中页面视觉元素的设计制作方法。全书内容共分为8章，包括Photoshop网页设计基础、网页的版面设计、网页的色彩搭配、导航栏的设计和制作、按钮的设计和制作、特殊文字的设计和制作、网页的设计和制作、切割网页图像。

本书既可作为高职高专电子出版、平面设计类专业的职业技术课教材，也可作为各类、各层次学历教育和短期培训的教材，同时，也适合作为网页设计工作人员的参考用书。

图书在版编目（CIP）数据

Adobe Photoshop网页设计与制作标准实训教程：CS5修订版/马增友,孙小艳,赵俊俏,李亚奇编著.—北京:文化发展出版社,2013.12
ISBN 978-7-5142-0935-8

I.①A… II.①马…②孙…③赵…④李… III.①图像处理软件－教材 IV.①TP391.41

中国版本图书馆CIP数据核字(2013)第235183号

Adobe Photoshop 网页设计与制作标准实训教程（CS5修订版）

编　　著：马增友　孙小艳　赵俊俏　李亚奇

责任编辑：张　鑫

执行编辑：周　蕾　　　　　　　责任校对：郭　平

责任印制：孙晶莹　　　　　　　责任设计：王斯佳

出版发行：文化发展出版社（北京市翠微路2号　邮编：100036）

网　　址：www.wenhuafazhan.com

经　　销：各地新华书店

印　　刷：三河国新印装有限公司

开　　本：787mm×1092mm　　1/16

字　　数：330千字

印　　张：13

印　　数：5001～7000

印　　次：2014年1月第1版　　2017年1月第3次印刷

定　　价：36.00元

ＩＳＢＮ：978-7-5142-0935-8

◆ 如发现印装质量问题请与我社发行部联系　发行部电话：010-88275710

丛书编委会

主　任：曹国荣

副主任：赵鹏飞

编委（或委员）：（按照姓氏字母顺序排列）

前言 preface

现在，越来越多的电视、网络等动态广告及网页的前期效果是通过 Photoshop 软件制作完成的。Photoshop 软件可应用在网页制作、广告、动画、多媒体展示等多个领域，其制作周期较短，制作成本相对较低，同时，学习 Photoshop 软件的门槛也不是很高，这些因素都为 Photoshop 软件的迅速普及铺平了道路。

本书作者历经半年的精心编写，终于完成了这本"以真实案例为创作素材"的 Photoshop 软件学习与应用教材。本书的创作出发点相当朴素，力求通过恰如其分的说明，让复杂的问题变得简单易懂。作者根据以往多年的学习和工作经验，精心挑选了多个有侧重点的网页实例进行实战训练，透彻地讲解每一个主题。这些实战训练不仅能够帮助读者尽快学习、掌握和应用 Photoshop 软件，还能迅速地帮助读者跳出软件的束缚，使其成为读者手中的利斧，创造出属于自己的作品。与大多数 Photoshop 教学用书不同，本书以"学一个案例就掌握一种工作技巧"为原则，通过有侧重点的实例由浅入深,循序渐进,帮助读者全面掌握 Photoshop 的"版面设计"（详见模块 02）、"色彩搭配"（详见模块 03）、"网页设计元素"（详见模块 04、05、06）等综合技能。每一个模块的开始部分都对本单元应掌握的能力目标、知识目标提出了明确的要求，强调"能用什么做什么"。每一个任务都通过任务背景、任务要求、任务分析、重点难点、素材来源、操作步骤详解、知识点拓展和职业技能知识点考核等部分引导，以引起读者的思考，在解决问题中学习知识。通过任务，读者能够运用所学知识解决现实问题，积累经验，从而提高动手能力和解决问题的能力。每个模块在模拟制作任务完成后还设有独立实践任务，以强化读者技能应用能力和自学能力。

2010 年 1 月，本书第一版上市发行，以其实用性、典型性、系统性、可行性的编写特色和对职业教育教学规律的遵循与体现，受到了许多来自职业院校教师、学生以及从事网页设计的工作者的欢迎，并对本书提出了宝贵的意见，强烈呼吁继续对教材进行版本的升级。

本书由马增友、孙小艳、赵俊俏、李亚奇共同编写，同时参与编写和资料整理的还有李静竹、高卉垚、王晓寒、叶婷、付谊萍、程艳波、张艳慧、凡慢、昝懿洋，在此一并表示感谢。

本书由易锋教育总策划，读者若有任何意见和建议，可随时联系我们，联系 QQ 是 yifengedu@126.com，亦可直接发送邮件到此邮箱，我们将尽快回复。本书提供配套电子课件和电子教案，读者可在印刷工业出版社网站（www.pprint.cn）下载。也可通过上述联系方式联系我们索取。

由于时间仓促，加上编者水平有限，书中不足之处在所难免，望广大读者批评指正。

编者

2013 年 10 月

目录 Contents

Adobe Photoshop CS5

模块 01

Photoshop网页设计基础

网站是多个网页的集合，包括一个首页和若干个分页。这里重点学习页面设计。

设计页面的第一步就是设计版式，版式最能体现平面设计的基本功，是学习完成平面构成与色彩构成后最佳的综合运用练习。理解平面构成原理后，版式设计的构图难点就迎刃而解了，文字与图片完全可以当作页面设计中的点、线、面去构成新的关系，赋予页面新的表述内容。

网页设计重视的是视觉效果和功能传达，功能传达上追求完美，同时艺术和创意的要求也比较高，因为页面设计是网页制作的开始，也就是说，设计在网页制作中虽然只占一部分，但却是重要的第一步。

网页设计与平面设计是相通的。一个优秀的网页设计，一定要有好的平面设计为基础。网页作为用户与网站交互的媒介，既要界面友好，又要独具风格，以给人留下强烈的第一印象。Photoshop CS5是功能强大的专业图像处理软件，可以实现梦幻般的网页界面特效。

能力目标
能利用Photoshop CS5新建页面
学时分配
4课时（授课2课时，实践2课时）

知识目标
1. 熟悉Photoshop CS5的常用工具
2. 掌握Photoshop CS5在网页设计中的应用

知识储备

知识 1 欣赏优秀网页设计作品

学习软件兴趣是至关重要的，只有对各种设计作品产生了兴趣，接下来的学习才会非常顺利。因此，下面先来欣赏一些优秀的网页设计作品，提高自己学习的兴趣。如图1-1～图1-4所示均为优秀的网页设计作品。

图1-1　电子类型网站

图1-2　工业类型网站

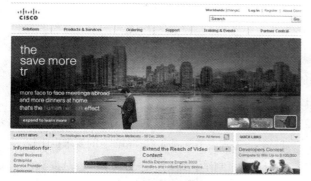

图1-3　商务类型网站

图1-4　个性类型网站

知识 2 网页和网站

网页是网站中的一"页"，通常是html格式文件扩展名为.html，.htm，.asp，.aspx，.php或.jsp等。网页实际上也是一个文件，它存放在世界某个角落的某一台计算机中，而这台计算机必须与互联网相连，网页才能经由网址（URL）来识别与存取。在浏览器中输入网址后，经过一段复杂而又快速的程序运行，网页文件就会被传送到本地计算机，然后通过浏览器解析网页的内容，再展示出来。

网站是由大量的网页互相链接构成的。这种链接就是我们经常所说的"超链接"。如果每个网页档案都有一个"链接"连到其他网页档案，那么就会慢慢地形成一个网站。

不是每个网站都会有 ASP、PHP 或 JSP 程序后台，一个简单的 htm 或 html 网站就没有程序后台。

知识 **3** 熟悉Photoshop CS5的常用工具，掌握其基本操作

在学习用Photoshop CS5设计页面之前，应该对Photoshop CS5的常用工具有基本的了解。

1．工具箱中的常用工具

（1）选择类工具

选择类工具包括矩形选框工具、套索工具、磁性套索工具、裁剪工具和切片工具等。在网页设计中最常用的是"切片工具"，如图1-5所示。当网页的基本风格和布局得到客户认可后，接下来要做的事情就是根据网页的布局利用"切片工具"进行切片。

图1-5　切片工具

选择类工具蕴含着一些其他扩展功能，利用选择类工具选中某部分图像后右击，则出现如图1-6所示的快捷菜单，包括"填充"、"描边"、"通过拷贝的图层"、"羽化"等命令。在网页的按钮设计中最常用的是"描边"命令，用于美化按钮的轮廓，使之更加美观自然。使用方法是：选择"描边"命令，弹出"描边"对话框，如图1-7所示，数值大小可根据效果的需要来选，一般在做按钮描边处理时，数值在"1～2"之间。CS5中的选择栏没有描边，描边命令在"编辑"命令下。

图1-6　快捷菜单　　　图1-7　"描边"对话框

（2）绘图修饰类工具

绘图修饰类工具包括污点修复画笔工具、画笔工具、仿制图章工具、历史记录画笔工具、橡皮擦工具、渐变工具、模糊工具和减淡工具等。在网页设计中最常用的是渐变工具，如图1-8所示。在设计网页的时候，导航条和按钮部分使用渐变工具来修饰的比较多。在搜狐、腾讯、新浪等门户网站，渐变的应用无处不在。网页设计中没有条文来规定哪部分必须用什么工具来设计，但最终的目的就是如何能够把网页设计得更完美。

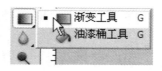

图1-8　渐变工具

（3）矢量类工具

矢量类工具包括钢笔工具、横排文字工具、路径选择工具和矩形工具等，如图1-9所示。钢笔工具在网页设计中会被频繁使用，例如，勾画形状的轮廓路径、企业Logo设计等。因此，应熟练掌握钢笔工具的用法。

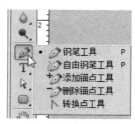

图1-9　钢笔工具

（4）辅助类工具

辅助类工具包括注释工具、吸管工具、抓手工具和缩放工具等。吸管工具是网页设计中必备的工具之一，如图1-10所示。若想对网页设计中的颜色搭配了解更深入一些，可以多欣赏优秀网页，然后用吸管工具拾取图像中某位置的颜色，观察它们是怎样用最少的色彩设计出最美妙的画面的。

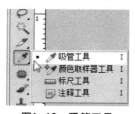

图1-10　吸管工具

2．网页设计技巧

网页设计作为一种视觉语言，特别讲究编排和布局，作为初学者，对网页的布局了解不是很全面，可以多搜集国内外的优秀网页，在Photoshop CS5中打开某些经典页面，观察编排和布局，然后复制或剪切经典的区域，再粘贴到自己新建的文档中，研究布局设计。只有通过这种方法，大家才能不断提高自己的设计水平，最终形成自己的设计风格。要学习前辈的设计经验，学会真正欣赏好的网页。

3．编辑图像的颜色

在给单位设计网页的时候，前期工作是整理单位所提供的一些必须放置的与单位相关的图像素材，以及设计师搜集的一些创意类的图像素材，在整理这些图像素材的时候，要对这些素材进行再加工。只要对图像进行编辑修改，就会应用到"图像" > "调整"菜单中的一些命令，这里列举一些常用的修改图像颜色的命令。

（1）亮度/对比度

"亮度/对比度"能够提高或降低图像的明亮度和对比度，"亮度/对比度"对话框如图1-11所示。只提升"亮度"时图像光线会更充足，使照片更明亮，对比效果如图1-12和图1-13所示。

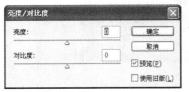

图1-11　"亮度／对比度"对话框　　　　图1-12　提升亮度前

图1-13　提升亮度后

当"亮度"和"对比度"同时做正向调整时（向右滑动），不仅亮度增加，而且对比度也随之增强，使亮的区域更亮，暗的区域更暗；同时图像色彩的鲜艳度也随之增强，对比效果如图1-14和图1-15所示。

图1-14　提升亮度和对比度前

图1-15　提升亮度和对比度后

（2）色相/饱和度

"色相/饱和度"能够调整图像的整体色调，"色相/饱和度"对话框如图1-16所示。

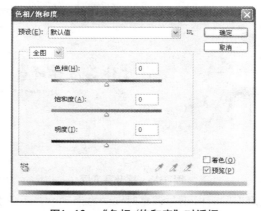

图1-16　"色相／饱和度"对话框

"色相/饱和度"对话框的选项组中有3个选项：色相、饱和度和明度。

当调整"色相"时，图像的整体色调会有明显而剧烈的变化，可由红色变为紫色、蓝色等色调，对比效果如图1-17和图1-18所示。

图1-17　调整"色相"前

图1-18　调整"色相"后

当调整"饱和度"时，会增强或减弱图像整体的色彩鲜艳度。将"饱和度"调到最左边
"－100"时，整个图像完全失去色彩变成"黑白灰"的形式，如图1-19所示；调到最右边
"+100"时，图像的所有颜色达到最艳丽的程度而失去自然真实的感觉，如图1-20所示。

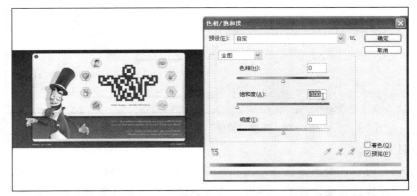

图1-19　调整"饱和度"为"－100"时的效果

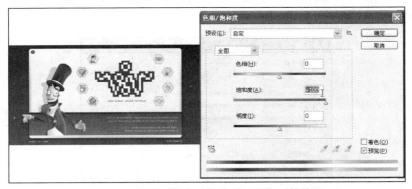

图1-20　调整"饱和度"为"+100"时的效果

调整"明度"，会增强或降低图像的明暗度。通俗地讲，"明度"是将图像整体"加白或
加黑"，向左调整使图像添加黑暗的成分，好像夜幕降临，向右调整使图像添加白色成分，好
像雾气茫茫的感觉。当调到最左边"－100"时，整个图像变为纯黑色，如图1-21所示；当调
到最右边"+100"时，整个图像变为纯白色，如图1-22所示。

图1-21　调整"明度"为"-100"时的效果

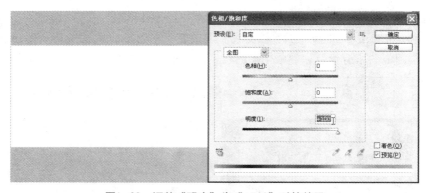

图1-22　调整"明度"为"+100"时的效果

（3）色彩平衡

"色彩平衡"能够调整图像整体的色彩倾向，与"色相"类似，但更为细化，没有像调整"色相"那样使图像色彩变化得那么剧烈，通过调整各种色彩（青色、洋红、黄色、红色、绿色、蓝色）的不同成分比例，可以更加柔和、细致地改变图像的色彩倾向。"色彩平衡"对话框如图1-23所示。

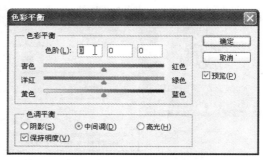

图1-23　"色彩平衡"对话框

（4）曲线

"曲线"主要调整图像整体的明暗度，与"亮度/对比度"命令相似，通过调整曲线的形状对明亮度及对比度进行一次性调整。"曲线"对话框如图1-24所示。

（5）色阶

"色阶"能够调整并提高图像的色彩浓度和层次感，增强图像色彩的层次感和空间感，使图像的色彩看起来层次分明。"色阶"对话框如图1-25所示。

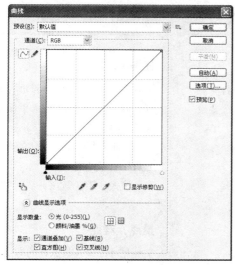

图1-24　"曲线"对话框

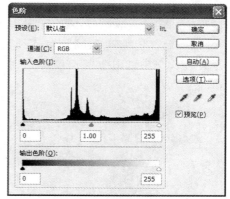

图1-25　"色阶"对话框

（6）自动对比度

"自动对比度"自动调整并提高整体图像的明暗对比，使灰暗的照片更清晰，同时增强图像中的明亮部分，加深图像中的阴影部分，使图像的空间感更强、更有深度。

4．常用滤镜工具的功能及用途

对网页图像素材的颜色调整后，还可以进一步修饰图像。下面列举一些网页设计中常用的滤镜工具。

（1）模糊

"模糊"滤镜用于对图像进行模糊处理，有"高斯模糊"、"径向模糊"等子选项。

（2）锐化

"锐化"滤镜使较为模糊的图像变得更清晰，但要适度，有"锐化"、"进一步锐化"、"USM锐化"、"锐化边缘"等子选项。

（3）风格化

"风格化"滤镜用于编辑图像的各种特殊效果。例如，"查找边缘"可将图像编辑为类似素描的单线条形式。

（4）素描

"素描"滤镜用于编辑图像的各种不同风格的素描效果，有"绘图笔"、"撕边"、"炭笔"、"水彩画纸"等子选项。

（5）艺术效果

"艺术效果"滤镜用于编辑图像的各种不同风格的特殊效果，可模仿油画、水彩、招贴画等风格，有"壁画"、"彩色铅笔"、"胶片颗粒"等子选项。

模拟制作任务

任务 1　创建一个网页文档并保存文件

任务背景

某学院为了在网络上展示老师和学生的设计作品，打算制作一个网站，命名为"师生作品展示平台"，现在需要设计一个引导页，效果如图1-26所示。

图1-26　引导页效果图

任务要求

设计制作一个网站引导页，要求网页打开后不会出现水平滚动条和垂直滚动条。

尺寸要求：1002像素×600像素。

分辨率：72像素/英寸。

颜色模式：RGB颜色。

重点、难点

文档尺寸的设置与保存的方法。

【技术要领】Ctrl+N（新建）；Ctrl+S（保存文件）；文件名为英文名。

【解决问题】养成良好的工作习惯，事半功倍。

【应用领域】单位网站设计。

【素材来源】素材\模块01\任务1\xies.jpg和wenz.jpg。

任务分析

"创建文档"是进行每一个设计任务的必要步骤，创建文档的时候主要注意文档类型的选择和文档尺寸的设置两方面。另外，文档设置完成后要立刻进行"保存"操作，这样在下一步的任务制作过程中只需要随时按Ctrl+S组合键即可完成对文档的保存，防止因突然死机、断电、软件故障等意外因素造成的文档丢失。

操作步骤

创建和保存文档

01　启动Photoshop CS5，按Ctrl+N组合键打开"新建"对话框，设定名称为index，宽度为1002像素，高度为600像素，分辨率为72像素/英寸，颜色模式为RGB，如图1-27所示，然后单击"确定"按钮。

图1-27　设置"新建"对话框参数

02 选择"文件">"存储为"命令，打开"存储为"对话框，将文件保存在指定文件夹内，文件名为index，文件格式为"*.psd"，如图1-28所示，然后单击"保存"按钮。

图1-28　"存储为"对话框

03 单击"设置前景色"按钮，打开"拾色器（前景色）"对话框，设置颜色值为"e2e4e1"，如图1-29所示，单击"确定"按钮。按Alt+Delete组合键，为"背景"层填充颜色。

04 选择"文件">"打开"命令，分别打开"素材\模块01\任务1\xies.jpg和wenz.jpg"素材文件，将图像放置到合适位置完成图像的融合，如图1-30所示。

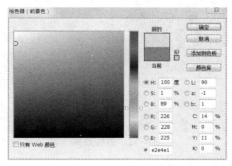

图1-29　"拾色器"对话框

图1-30　效果图

05 选择工具箱中的"横排文字工具"，在工具选项栏中设置字体为"方正大黑-GＢＫ"，字体大小为"12点"，字体颜色为"黑色"，如图1-31所示。在图像右下角单击鼠标左键，键入文字"王小明 制作"，如图1-32所示。

图1-31　文字排入工具

图1-32　最终效果

06 选择"文件"＞"存储"命令，保存文件。

 知识点拓展

❶ "新建"对话框的常用选项说明

（1）名称

默认情况下名称为"未标题-1"，在此选项右侧的文本框中可以输入新建文件的名称，如图1-33所示。网页设计中的图片最好用英文命名，因为部分服务器不支持中文，为了避免出现错误，网页设计中的图片及文件夹都要使用英文命名。

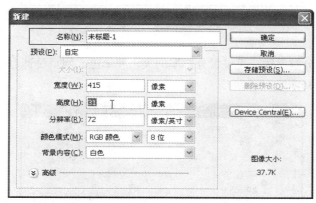

图1-33 "名称"选项

（2）预设

可以在此选项右侧的下拉列表框中选择预先设置的尺寸，也可以在该选项下面的"宽度"和"高度"选项中自行设置尺寸大小。建立网页尺寸的时候，可以选择"预设"下拉列表框中的Web选项，选择Web选项后，其下方的"大小"下拉列表框被激活，如图1-34所示。该列表框中有预先设置的网页尺寸，可供选择。

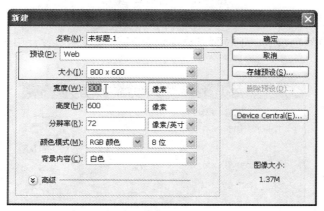

图1-34 Web选项

（3）宽度和高度

设置新建文件的宽度和高度数值就是设置网页的尺寸，网页的尺寸单位一定要设定为"像素"，如图1-35所示。

图1-35 设置单位

（4）分辨率

设置新建文件的分辨率时，可设置分辨率的大小和单位。网页设计对分辨率的要求是"72像素/英寸"，如图1-36所示。

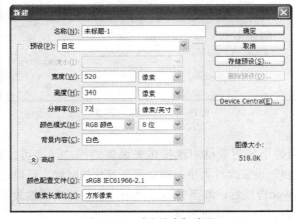

图1-36 "分辨率"选项

（5）颜色模式

设置新建文件的颜色模式，下拉列表框中包含5个选项，网页设计中一般选择RGB，如图1-37所示。

图1-37 "颜色模式"选项

❷ **存储文件**

文件存储命令主要包括"文件">"存储"、"文件">"存储为"和"文件">"存储为Web和设备所用格式"3种。对于新建的文件，编辑后使用"文件">"存储"和"文件">"存储为"两种命令的性质相同；对于打开的文件则不同，"存储"命令是覆盖编辑前的文件，而"存储为"是将修改的文件重新命名后进行保存。

"存储为Web和设备所用格式"对话框如图1-38所示，用来选择优化选项以及预览优化图稿，为设计好的网页切图后可以用此存储方式。

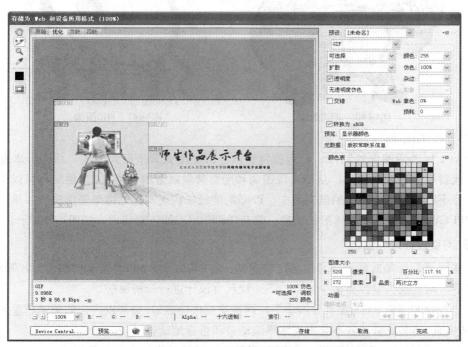

图1-38　"存储为Web和设备所用格式"对话框

❸ **网页中常用的图片类型**

（1）GIF图像

最初的GIF只是简单地用来存储单幅静止图像。随着技术的发展，GIF也可以同时存储若干幅静止图像，进而形成连续的动画，形成新的GIF标准。GIF格式的特点是压缩比高、磁盘空间占用少，所以这种格式得到了广泛应用，如图1-39所示。

图1-39　GIF图像

（2）JPEG图像

JPEG是一种很灵活的格式，具有调节图像质量的功能。可以使用不同的压缩比例压缩文件，从而在图像质量和文件大小之间找到平衡点。它使用有损压缩方式去除多余的图像和彩色数据，在获取极高的压缩率的同时能展现十分丰富生动的图像，从而达到使用最少的磁盘空间，得到较好的图像质量的效果，如图1-40所示。

图1—40 JPEG图像   图1—41 PNG图像

（3）PNG图像

PNG支持透明图像的制作，利用该特性，可以把图像背景设为透明，用网页本身的颜色信息来代替设为透明的色彩，从而实现图像和网页背景融合的效果。GIF虽然也可以设置透明背景，但不能实现图像边缘的渐变消失，PNG则能轻松实现图像边缘渐变消失的效果。它结合GIF和JPEG两者的优点，存储形式丰富，兼有GIF和JPEG的色彩模式，如图1-41所示。

❹ 网页设计尺寸解析

一些网页设计师对网页尺寸设置比较迷茫。在800像素×600像素及1024像素×768像素的分辨率下，网页应该设计为多少像素？下面就尺寸设计进行分析讲解。

（1）在800像素×600像素分辨率下，网页宽度保持在778像素以内，如果满框显示，尺寸约为740像素×560像素，就不会出现水平滚动条和垂直滚动条。

（2）1024像素×768像素下，网页宽度保持在1002像素以内，如果满框显示，高度为600像素～615像素，就不会出现水平滚动条和垂直滚动条。

（3）页面长度原则上不超过3屏，宽度不超过1屏。

独立实践任务

任务 2 个人作品展示引导页设计

任务背景

即将毕业的王小静同学要为自己设计一个网站，她打算先设计一个引导页，标题为"王小静设计作品展"。

任务要求

设计制作一个引导页。

尺寸要求：1002像素×600像素。

分辨率：72像素/英寸。

颜色模式：RGB颜色。

【技术要领】新建网页文件；文件名为英文名；保存文件。

【解决问题】设定文件尺寸；设定分辨率及色彩模式。

【应用领域】个人网站；博客页面；企业网站。

【素材来源】无。

任务分析

_____

_____

_____

_____

_____

_____

主要制作步骤

_____

_____

_____

_____

_____

_____

_____

_____

职业技能知识点考核

1．填空题

（1）网站是由大量的网页互相链接构成的，这样的链接就是我们经常说的_____。

（2）_____能够自动调整并提高整体图像的色彩浓度和层次，增强图像色彩的层次感和空间感，使图像的色彩看起来层次分明。

2．单项选择题

（1）_____可以使图1-42的左图变成右图的效果。

图1-42　效果转换

A．通过"图像" > "调整" > "亮度/对比度"命令，调整亮度数值

B．通过"图像" > "调整" > "色相/饱和度"命令，调整明度数值

C．通过"图像" > "调整" > "自动对比度"命令

D．通过"图像" > "调整" > "自动色阶"命令

（2）选择类工具中蕴含着一些其他扩展功能，有填充、描边、通过复制的图层、羽化等，在网页的按钮设计中最常用的是_____，用于美化按钮的轮廓，使之更加美观自然。

A．填充　　　　　B．描边　　　　　C．通过拷贝的图层　　　　D．羽化

3．多项选择题

（1）"色相/饱和度"的选项包括_____。

A．色相　　　　　B．明度　　　　　C．饱和度　　　　　D．亮度

（2）Photoshop CS5工具箱中的辅助类工具包括_____。

A．附注工具　　　B．吸管工具　　　C．抓手工具　　　　D．缩放工具

4．简答题

Photoshop CS5中绘制修饰类的工具有哪些？在网页设计中最常用的是什么？

Adobe Photoshop CS5

模块 02

网页的版面设计

版面设计又称为版式设计，主要是指运用点、线、面等造型要素及形式原理，对版面内的文字字体、图像图形、线条、表格、色块等要素，按照一定的要求进行编排，并以视觉方式艺术地表达出来，并通过对这些要素的编排，使观看者能够直觉感受到某些要传递的意思。

好的网页版面设计可以更好地传达客户想要传达的信息，或者加强信息传达的效果，并能增强可读性，使经过设计的内容更加醒目、美观。版面设计是艺术构思与编排技术相结合的工作，是艺术与技术的统一体。

能力目标
能用Photoshop CS5制作网页版式

知识目标
了解网页版面设计的基本概念

学时分配
6课时（授课4课时，实践2课时）

知识储备

知识 **1** 版面设计的知识

在制作一个网页之前，应该先进行构思，最好将初步的设想画在纸上，以免在进行到一半时发现页面不和谐而重做。

（1）明确页面主题。例如，正在做一个关于设计作品展示的首页，就应先想好网页的标题。假设标题为"师生作品展示平台"，那么就要考虑是否有合适的图片来衬托主题，然后将标题的主色调定下来，这对后面几步的版面影响很大，如图2-1所示。

图2-1　首页

（2）明确页面上要链接的目录。例如，共有"专业介绍、教师风采、课程展示、实训室、校园写真、设计欣赏，课外活动"7个主链接目录，那么要将它们放在明显的位置。根据页面风格的不同，可以放在顶部、左边、右边、中部等位置，主链接可以做成小图标的形式，但注意图片不能太大，也不能过分抢眼，一般情况下不能比标题或主图的色彩重，如图2-2所示。

图2-2　首页链接目录

（3）指定主图。所谓主图，就是一幅较能反映页面主题思想的图片，其大小可适当超过页面上的任何图片，颜色也可以不加限制。例如，这里采用一幅学生设计作品的大图，如图2-3所示。

以上3步确定下来后，页面的基本风格就出现了，可以根据情况进行调整，或者看是否加上背景，主要考虑主图是否需要修改。

从版面设计上来讲，一个有特色的主页主要包含3个要素：图像、排列方法、主色调，这三者相辅相成，缺一不可。

图像是一个极为重要的要素，缺少了恰当的图像，整个页面就会黯然失色，就是一个不完整的主页。

有时虽然有不错的图像，但是无法将图与其他要素有机地结合排列，只会千篇一律地设置为左边链接右边内文。打破常规，创作出大胆的排列方式，才能给人以新颖、大气的感觉。网页的设计排版要求精细，只要多欣赏优秀网页（图2-4所示即为一种优秀网页版式），就会慢慢提高自己的版面设计能力。

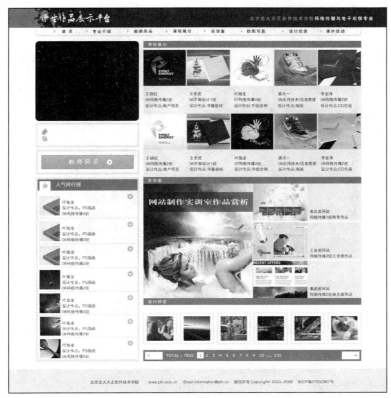

图2-3 首页整体

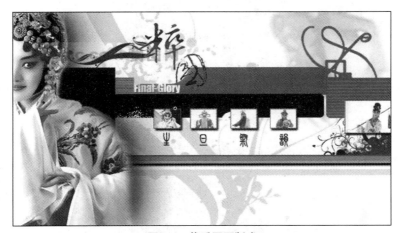

图2-4 优秀网页版式

知识 2 版面设计的原理

1. 平衡

简单地说，平衡就是重量的平均分配，使构成图像的各组成部分在视觉重量上保持一种均衡稳定的状态，如图2-5所示。

21

图2-5　平衡构图

理解平衡时，需要研究3个相关的视觉因素：重量、位置、布局。

若在页面上作一个标记，这个标记就会在视觉上具有重量。标记的大小、颜色、形状、背景都对视觉重量有影响。例如，图2-5页面中心是很强有力的，拥有很大的视觉重量。

（1）绝对平衡

绝对平衡是指构成图像的各部分在上下或左右的方向上完全相同的一种对称式平衡，分为平移、回转、镜像、扩散对称。绝对平衡构图如图2-6所示。

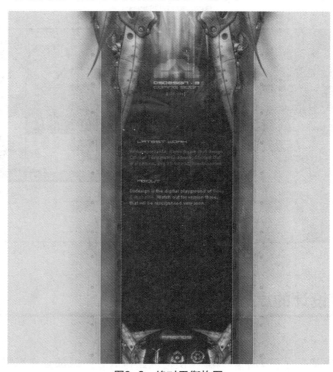

图2-6　绝对平衡构图

（2）相对平衡

相对平衡是指构成画面各部分的形象不同，以其大小、位置、明暗、色彩等方面的因素所构成的一种视觉重量的平衡，分为位置、大小、色相的平衡。相对平衡构图如图2-7所示。

图2-7　相对平衡构图

就网页设计而言，明晰合理的理性编排（注重对角线、垂直、水平等的构图安排），以及版面的对称与平衡，能使读者阅读起来心情愉悦，给人明确、清新的阅读感受，提高阅读兴趣。

2．焦点和主次

当人们浏览网页时，首先看到的位置为焦点。焦点是设计网页时最注重的一部分，如图2-8所示。设计人员通常有一个主要信息要传达，同时还有一些辅助信息。设计时，如果强调一切元素，就等于什么都没有强调，最后造成视觉的混乱。

让一个物体形成一个焦点的方法如下。

（1）将焦点做成最亮的。

（2）颜色与其他不同；或者焦点不透明，其他透明；或者焦点为彩色的，其他物体为黑白的。

（3）方向不同。

（4）在位置上有所区别。

（5）加底纹，或者与其他元素底纹不同。

（6）安排其他元素都指向这个元素。

（7）形状与其他元素不同。

（8）将其隔离。

（9）焦点清晰，其他物体模糊。

（10）颠倒。

（11）焦点有光泽，其他物体发暗。

图2-8　焦点

设计人员要注意网页产生的一种视觉主次关系，确定元素的重要性。同时，还要清楚浏览者首先看到的是什么，其次、最后看的又是什么。如图2-9所示的图片就明确地显示出视觉的主次关系。

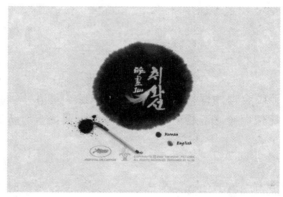

图2-9　视觉的主次

对页面上的几个元素加以强调，使其在显示中比其他元素有更大的优先权。要建立一个主次关系，利用大小、位置、颜色、调值等元素使浏览者根据重要性来看这些元素。产生一个信息流，从最重要的开始，一直到最不重要的。图2-10较好地体现了这一点。

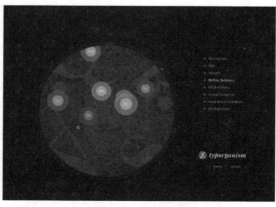

图2-10　主次关系

3．韵律

在网页设计中，韵律的实现是通过图案的点和线条的排列来实现的，把韵律当作一种节奏，是由视觉而不是声音组成的。韵律是用重复变动的元素来生成的形，需要考虑空间的因素，形成一个元素向另外一个元素运动的效果。在设计中要产生韵律的关键是理解重复和变化的不同。通过运用韵律的技巧可以使网页活泼、生动、运动、有生命。韵律节奏设计能够渲染某种情调，增加版面的感染力，并使人沿着版面节奏变化的趋势展开遐想的空间，如图2-11所示。

图2-11　韵律的设计

4．统一和变化

统一不是让许多形态元素单一化、简单化，而是使它们的多种变化因素具有条理性和规律性。网页是一个文字、图形等多种元素组成的统一体，在设计网页的时候，统一是设计网页时组织版面的目标之一。统一可以让浏览者看到一个整体的页面，而不是几个互相不关联的独立的部分。统一对加深记忆程度、表现整体效果和清晰传达都有积极影响，也反映了将设计组合成一个整体的程度，如图2-12所示。

图2-12　统一

变化是统一的对立面，是指由性质相异的形态元素并置在一起形成的对比感觉。这种变化也是以一定的规律为基础的，无规律的变化会带来混乱和无序。在网页的构图中，一定要注意在统一中找变化，在变化中求统一，如图2-13所示。

5．呼应、分格、对齐、流动

（1）呼应

重复一个元素（如颜色、线条、图形、底纹），或生成一种风格，会在元素之间产生视觉的联系。连续是对设计元素的一种处理，使其生成形式上的类似，如图2-14所示。

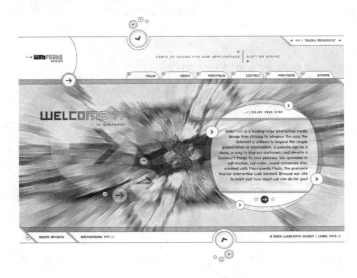

图2-13　变化

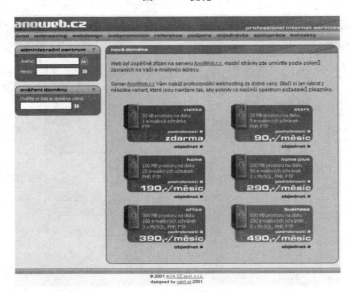

图2-14　呼应

（2）分格

分格将整个界面细分为水平和垂直的区域，产生一个框架，用于组织设计中的空间、文字和画面。分格使设计的页面有一种统一的形式，如图2-15所示。

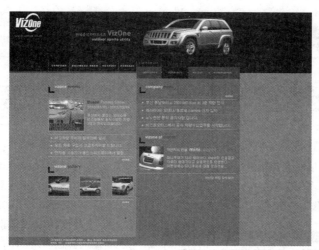

图2-15　分格

（3）对齐

当元素的边或者轴相互对齐时，它们之间也会产生视觉的联系，从而在版面上得到体现，如图2-16所示。

图2-16　对齐

（4）流动

安排元素能够将浏览者的视线从设计的一个元素引到另一个元素，如图2-17所示。

图2-17　流动

模拟制作任务

任务 1 规划网页版式草图，并按草图版式设计网页

任务背景

某学院为在网络上展示老师和学生的设计作品，打算制作一个网站，将其命名为"师生作品展示平台"，现在需要设计一个首页，如图2-18所示。

图2-18 首页效果

任务要求

设计制作一个首页，要求网页打开后不会出现水平滚动条。

尺寸要求：1002像素×1200像素。

分辨率：72像素/英寸。

颜色模式：RGB颜色。

重点、难点

1．设计草图的规划。

2．电脑构图的方法。

【技术要领】Ctrl+N（新建）；M（矩形工具）；V（移动工具）；Ctrl+S（保存文件）；文件名为英文名。

【解决问题】勾画草图；设定文件尺寸；设定分辨率及色彩模式。

【应用领域】单位网站设计。

【素材来源】无。

任务分析

一个好的网页设计师不是接手一个设计任务后就直接奔向电脑上去操作，而是先勾画一个草图，做到心中有数。只有整体思路出来后才可以在电脑上去实现自己的创意效果。因此，创意不是信手拈来的，而是积累出来的，只有不断地绘制草图，才会有源源不断的创意从自己的脑海中迸发出来。

操作步骤

勾画草图

01 设计前，先勾画一个草图，这个过程不需要做得很细致，但一定要从整体布局角度出发，简单勾画出轮廓即可。一定要多做一些草图，从中选出比较满意的创意，如图2-19所示。

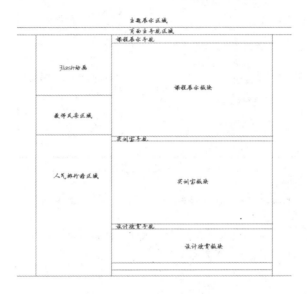

图2-19　版式草图

02 完善设计草图，规划出图片与文字的详细位置及简单的色彩搭配，如图2-20所示。

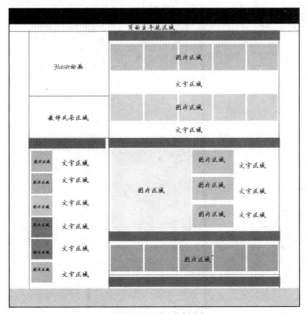

图2-20　版式规划

在电脑上完成版式设计

03 草图完成后，启动Photoshop CS5进行版式设计。按Ctrl+N组合键打开"新建"对话框，设定尺寸、分辨率、颜色模式，如图2-21所示，单击"确定"按钮。

图2-21　"新建"对话框

04 在Photoshop CS5中，将版式的内容具体化、精致化，需要按照版面设计的基本原则进行。

05 选择"文件" > "存储"命令，将文件保存在指定文件夹内，名字为"index"，格式为"*.psd"，方便于二次修改，初稿完成。

知识点拓展

❶ 标尺的使用

标尺可以精确地度量网页图的尺寸，并对网页图形进行辅助定位。由于网页设计要求精细，因此会经常用到标尺。按Ctrl+R组合键，或者选择"视图"＞"标尺"命令可显示或者隐藏标尺，如图2-22所示。

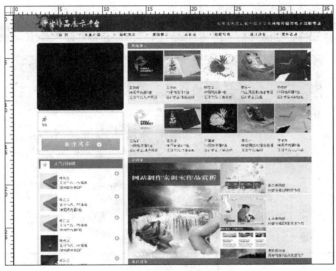

图2-22　显示标尺

标尺的单位和参考线的颜色可以进行设置。为了避免参考线与设计颜色相同，可以修改参考线的颜色。选择"编辑"＞"首选项"＞"单位与标尺"命令，也可以双击文档边缘的标尺线，弹出"首选项"对话框，可以在此对话框中设置标尺的显示单位，用于精确定义标尺、新建文档的打印分辨率和屏幕分辨率，如图2-23所示。

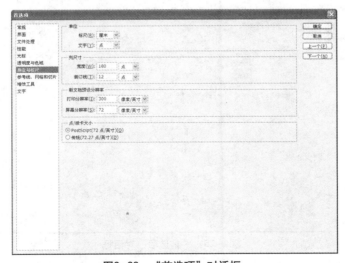

图2-23　"首选项"对话框

❷ **参考线的使用**

参考线主要用于版面规划和对齐目标。在设计网页时，需要给页面做一个简单的规划或把一些设计元素排列整齐，这时参考线即可发挥作用。要创建参考线，必须先显示标尺，然后在标尺上单击鼠标左键并拖动鼠标，这样就创建出一条参考线，重复刚才的方法可以创建多条参考线。有时由于创建了过多的参考线，在设计页面时会不小心移动了参考线，这时可以选择"视图">"锁定参考线"命令，使在页面上的参考线不能被移动或删除。如果需要将图像摆放在更精确的位置，就选择"视图">"对齐到">"参考线"命令，鼠标指针在操作时会自动贴近参考线使图像的位置更精确，如图2-24所示。

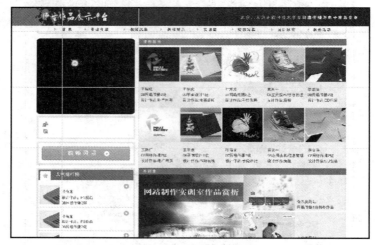

图2-24　显示参考线

选择"编辑">"首选项"命令，弹出"首选项"对话框，在对话框左边选择"参考线、网格、切片"选项，然后在右侧设置参考线的颜色和样式，如图2-25所示。

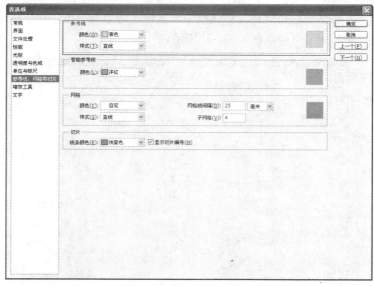

图2-25　"首选项"对话框

独立实践任务

任务 2 个人作品展示首页设计

任务背景

王小静同学正在为自己设计网站，为了让首页的设计更完美，她打算先勾画草图，然后上机操作。

任务要求

设计制作一个首页，要求网页打开后不会出现水平滚动条。

尺寸要求：1002像素×1200像素。

分辨率：72像素／英寸。

颜色模式：RGB颜色。

【技术要领】新建网页文件；文件名为英文名；保存文件。

【解决问题】勾画草图；设定文件尺寸；设定分辨率及色彩模式。

【应用领域】个人网站；企业网站。

【素材来源】无。

任务分析

_____

_____

_____

_____

_____

_____

_____

_____

主要制作步骤

_____

_____

_____

_____

_____

_____

_____

_____

职业技能知识点考核

1．填空题

（1）从版面设计上来讲，一个有特色的主页主要包含3个要素：图像、_____、_____，这3者相辅相成，缺一不可。

（2）浏览一个网页时，首先看到的位置为_____，这是设计网页时最重要的一部分。

2．单项选择题

（1）Photoshop CS5中新建的快捷键是_____。

A．Ctrl+T   B．Ctrl+N   C．Ctrl+V   D．Ctrl+O

（2）所谓_____，就是一幅较能反映页面主题思想的图片，它的大小可适当超过页面上的任何图片，颜色也可不加限制。

A．首页   B．主图   C．版面   D．目录

3．多项选择题

（1）网页版面设计中理解平衡需要研究的视觉因素包括_____。

A．位置   B．重量   C．色彩   D．布局

（2）在"新建"对话框中能够进行设定的选项有_____。

A．透明度   B．尺寸   C．颜色模式   D.分辨率

Adobe Photoshop CS5

模块 03

网页的色彩搭配

有了好的版式和页面设计，若色彩把握不准，也会导致整个设计失败。打开一个网站，给用户留下的第一印象不是网站丰富的内容，而是网站的色彩。色彩给人的视觉效果非常明显，一个网站设计成功与否在某种程度上取决于设计者对色彩的运用和搭配。因为网页设计属于一种平面效果设计，在排除立体图形、动画效果之外，在平面图上，色彩的冲击力是最强的，它很容易给用户留下深刻的印象。因此，在设计网页时，必须高度重视色彩的搭配。

能力目标
能用Photoshop CS5 规划网页版式的色彩

知识目标
1. 了解色彩的基础知识
2. 了解色彩搭配的原则

学时分配
6课时（讲课4课时，实践2课时）

知识储备

知识 1　各种色彩的象征

　　色彩是人的视觉感受很敏感的东西，网页的色彩处理得好，可以锦上添花，达到事半功倍的效果。色彩总的应用原则是"总体协调，局部对比"，也就是网页的整体色彩效果应该是和谐的，只有局部的、小范围的地方可以有一些强烈色彩的对比。在色彩的运用上，可以根据网页内容的需要，分别采用不同的主色调。因为色彩具有象征性，例如，嫩绿色、翠绿色、金黄色、灰褐色可以分别象征春、夏、秋、冬。其次，还要注意职业的标志色，例如，军警的橄榄绿、医疗卫生的白色等。色彩还能给人明显的心理感觉，例如，冷、暖的感觉以及进、退的效果等。另外，色彩还有民族性，各个民族由于环境、文化、传统等因素的影响，对于色彩的喜好也存在较大的差异。充分运用色彩的这些特性，可以使网页具有深刻的艺术内涵，从而提升网站的文化品位。

1．暖色调

　　暖色调的搭配即红色、橙色、黄色、赭色等色彩的搭配。这种色调的运用可使网页呈现温馨、和煦、热情的氛围，如图3-1所示。

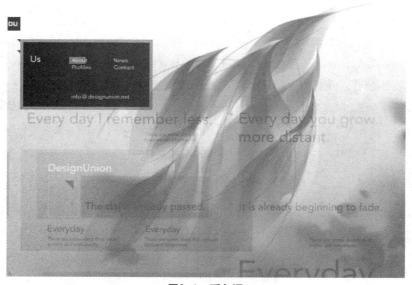

图3-1　暖色调

2．冷色调

　　冷色调的搭配即青色、绿色、紫色等色彩的搭配。这种色调的运用可使网页呈现宁静、清凉、高雅的氛围，如图3-2所示。

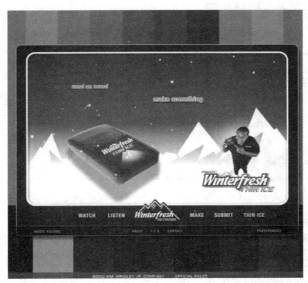

图3-2　冷色调

3．对比色调

对比色调的搭配即把色性完全相反的色彩搭配在同一个空间里。例如，红与绿、黄与紫、橙与蓝等。这种色彩的搭配可以产生强烈的视觉效果，给人亮丽、鲜艳、喜庆的感觉。当然，对比色调如果用得不好，就会适得其反，产生俗气、刺眼的不良效果。这就要把握"大调和，小对比"的重要原则，即总体的色调应该是统一和谐的，局部的地方可以有一些小的强烈对比，如图3-3所示。

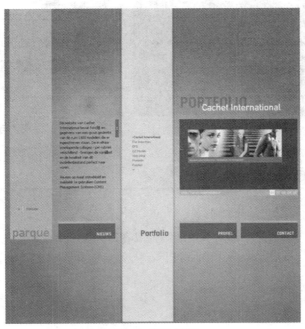

图3-3　对比色调

最后，还要考虑网页底色（背景色）的深浅。底色深，文字的颜色就要浅，以深色的背景衬托浅色的内容（文字或图片）；反之，底色淡，文字的颜色就要深些，以浅色的背景衬托深色的内容（文字或图片），这种深浅的变化在色彩学中称为"明度变化"。有些主页的底色是黑的，但文字也选用了较深的色彩，由于色彩的明度比较接近，读者在阅览时会感觉很吃力，影响了阅览效果。当然，色彩的明度也不能变化太大，否则屏幕上的亮度反差太强，同样也会使读者的眼睛受不了。

知识 2 网页色彩搭配原理

色彩搭配既是一项技术性工作，也是一项艺术性工作，因此，设计者在设计网页时除了考虑网站本身的特点外，还要遵循一定的艺术规律，从而设计出色彩鲜明、性格独特的网站。

颜色分非彩色和彩色两类。非彩色是指黑、白、灰系统色。彩色是指除了非彩色以外的所有色彩。根据专业的研究机构研究表明：彩色的记忆效果是黑白的3.5倍。也就是说，在一般情况下，彩色页面较完全黑白的页面更加吸引人，但也不是绝对的，有时非彩色的网页效果也很有特色，譬如艺术类网页中非彩色应用的就比较多，如图3-4所示。

通常的做法是：主要内容文字用非彩色（黑色），边框、背景、图片用彩色。这样页面整体不单调，看主要内容也不会眼花，如图3-5所示。

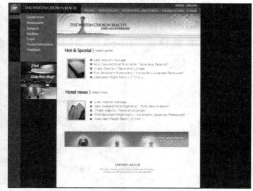

图3-4 非彩色类网页   图3-5 彩色与非彩色搭配

知识 3 网页色彩搭配技巧

1. 用一种色彩

这里是指先选定一种色彩，然后调整透明度或者饱和度，产生新的色彩用于网页，这样的页面看起来色彩统一，有层次感，如图3-6所示。

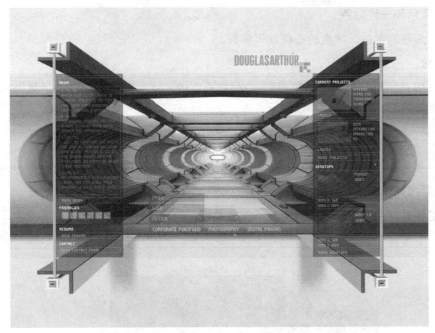

图3-6　一种色彩

2．用两种色彩

先选定一种色彩，然后选择它的对比色（在Photoshop CS5中按Ctrl+Shift+I组合键）。例如，蓝色和黄色，如图3-7所示。

3．用一个色系

简单地说，用一色系就是用一种感觉的色彩，如淡蓝、淡黄、淡绿，或者土黄、土灰、土蓝。确定色彩的方法有多种，常用的方法是在Photoshop CS5中单击"前景色"方框，在弹出的"拾色器"中选择"自定义"，然后在"色库"中选择就可以了，如图3-8所示。

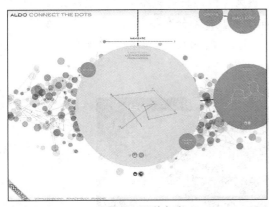

图3-7　两种色彩

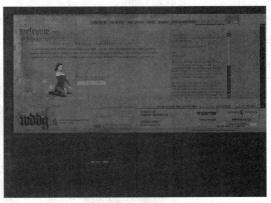

图3-8　一个色系

4．用黑色和一种彩色

例如，大红的字体配黑色的边框就很醒目。

5．注意

不要将所有颜色都用到，尽量控制在3种色彩以内。背景和前文的对比尽量要大（绝对不要用花纹繁复的图案做背景），以便于突出主要文字内容。

知识 4 网页色彩搭配

1．网页内容

它是信息存储空间，要求背景要亮，文字要暗，对比度要高。一般是白底黑字，如果是黑底，也可以是灰字，网页背景可以用很淡的颜色来做，淡到让人可以忽略，如图3-9所示。

图3-9 网页背景

2．网页标头

网页标头是放置Logo和主要信息的地方，一般为深色，具有较高的对比度，以便用户能够清晰地看到在该站点中所在的位置。标题通常与页面其他部分有不同的"风貌"，既可以使用与网页内容不同的字体或颜色组合，也可以采用网页内容的反色，如图3-10所示。

图3-10 网页标头

3．导航菜单所在区域

把菜单颜色设置暗一些，然后依靠较高的颜色对比度、比较强烈的图像元素或独特的字体将网页内容和菜单的不同目的准确区分开，如图3-11所示。

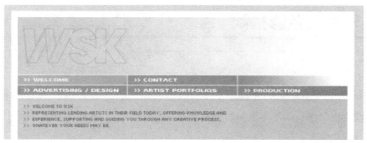

图3-11　导航菜单区域

4．侧栏

尽管不是所有网页都使用侧栏，但是使用侧栏仍为显示附加信息的一个有用方式。侧栏应与网页内容清楚地区分开，同时也要易于阅读，如图3-12所示。

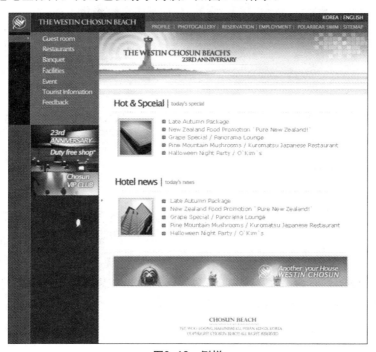

图3-12　侧栏

5．页脚

这一项相对不重要，不应该喧宾夺主，如图3-13所示。

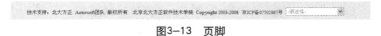

图3-13　页脚

模拟制作任务

任务 1 娱乐网页色彩搭配

任务背景

某学院要在其网站上开通新的网页版块，内容以娱乐为主。现在需要设计一个网页的基本框架，要求该网页打开后不会出现水平滚动条。

任务要求

设计制作一个娱乐版块网页，要求网页打开后不会出现水平滚动条和垂直滚动条。

尺寸要求：1002像素×600像素。

分辨率：72像素/英寸。

颜色模式：RGB颜色。

重点、难点

1. 色彩规划
2. 主色调定义

【技术要领】Ctrl+N（新建）；M（矩形工具）；V（移动工具）；Alt+Delete（填充前景色）；Ctrl+S（保存文件）；文件名为英文名。

【解决问题】设定文件尺寸；设定分辨率及色彩模式。

【应用领域】企业网站设计。

【素材来源】无。

任务分析

在开始设计前，先分析一下网站的类型及应用领域。学院网站娱乐版块的色彩设计应大胆明快，大面积的颜色对比会让人感到活泼而年轻，可以突出学院的特征。

操作步骤

新建文档

01 启动Photoshop CS5 软件，按Ctrl+N组合键打开"新建"对话框，设定尺寸、分辨率、颜色模式，如图3-14所示，单击"确定"按钮。

图3-14 "新建"对话框

02 在"新建"对话框中进行版式的颜色框架设计，选择"图层">"创建新图层"命令，新建"图层1"，快速新建图层，如图3-15所示。

图3-15 "图层"面板

用色彩规划页面区域

03 选择工具箱中的"矩形选框工具"，如图3-16所示。在"图层1"右侧绘制一个矩形选区，如图3-17所示。

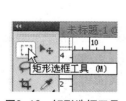

图3-16 矩形选框工具　　　　图3-17 矩形选区

04 在"拾色器"中设置前景色数值给"7d9ec0"，按Alt+Delete组合键为选区内填充颜色，如图3-18和图3-19所示。

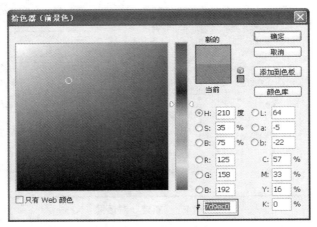

图3-18 "拾色器"对话框

图3-19 填充颜色后的文档

05 选择"图层">"新建">"图层"命令，新建"图层2"，选择工具箱中的"矩形选框工具"，在"图层2"顶端绘制一个矩形选区，如图3-20所示。

06 在选区内单击鼠标右键，在弹出的快捷菜单中选择"描边"选项，如图3-21所示。

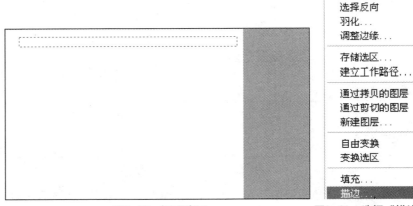

图3-20 矩形选区   图3-21 选择"描边"选项

07 在"描边"对话框中输入宽度为"1px",颜色数值"c0c0c0",位置为"居中",默认其他选项,如图3-22所示,然后单击"确定"按钮,如图3-23所示。

图3-22　"描边"对话框　　　　　　　　图3-23　描边后

08 网页框架及主色调确定后,接下来要做的事情就是对网页进行细致化分类。做网页设计的前期工作就是规划,有了规划才能知道自己下一步怎么做。如图3-24所示是一个网页版式初稿。

图3-24　网页版式初稿

知识点拓展

❶ 背景图层

在Photoshop CS5中设计网页版式时，图层是必不可少的元素。新建文件时图层面板会自动建立一个背景图层，它位于图层的最底层，是被锁定的。此时无法对背景图层进行顺序、透明度及混合模式的改变，如图3-25所示。

如果要将背景层转换成普通图层使其不再受到限制，可以在"图层"面板中双击背景图层，然后根据需要在弹出的"新建图层"对话框中进行设置，如图3-26所示。

图3-25　"图层"面板　　　　　图3-26　"新建图层"对话框

❷ 普通图层

在背景图层之上添加新图层，然后在里面添加内容，也可以通过来自其他文档的内容添加到本文档来创建图层，新建的图层会默认显现在所选图层的上方。如图3-27所示的"图层1"即为普通图层。

图3-27　普通图层

❸ 图层组

图层组可以组织和管理图层，可以很容易地将图层作为一组移动，尤其是在网页设计中。一个文档中的设计元素类别比较多，可以归为一个图层组。如图3-28中，图层2、图层3、图层4即为一个图层组。

❹ 新建（组）图层

选择"图层"＞"新建"＞"图层"命令或者单击"图层"面板下方的"创建新图层"或者"创建新组"按钮，如图3-29所示。

图3-28 图层组 图3-29 新建图层（组）

❺ 复制图层

设计网页版式的时候，经常会需要制作同样效果的图层，可以选择"图层">"复制图层"命令，也可以选中该图层，单击鼠标右键，选择"复制图层"选项，如图3-30所示。也可以按住鼠标左键拖住该图层，将其拖曳到"图层"面板右下角的"创建新图层"按钮上，如图3-31所示。重命名图层时可双击图层的名称。

图3-30 复制图层 图3-31 复制图层快捷方式

❻ 选择图层

复杂的网页设计需要在文档中创建多个图层，修改其中某一图层图像的时候，必须选取要修改的图层才能正常地执行操作，若要同时编辑多个图层，则按住Shift键，用鼠标左键单击需要编辑的图层，如图3-32所示。

图3-32 编辑多个图层

❼ 删除图层

在网页设计中，没用的图层是要删除的，既可以选择"图层">"删除图层"命令，也可以选中需要删除的图层，单击鼠标右键，选择"删除图层"选项，如图3-33所示。还可以按住鼠标左键，将其拖曳到"图层"面板右下角的"删除图层"按钮上，如图3-34所示。

图3-33　删除图层

图3-34　删除图层快捷方式

❽ 显示、隐藏图层

在网页设计初期，可以在文档中放入很多备选素材，暂时不需要的图层中的内容可以隐藏起来。单击图层旁边的眼睛图标，就可以隐藏该图层的内容，再次单击该处可以重新显示内容，如图3-35所示。

图3-35　隐藏的图层

❾ 调整图层顺序

好的网页设计要经过无数次修改才能达到客户的满意，设计的修改有时就是"图层"面板先后顺序的调整，不经意的调整也会达到出其不意的效果。执行的时候可以在"图层"面板中选中该图层，然后按住鼠标左键将该图层向上或向下拖曳到相应位置时释放鼠标。如果是将图层移入图层组中，直接将图层拖曳到图层组文件夹即可。

❿ 锁定图层

若要修改网页设计中的色块颜色，比较便利的方法就是选择"图层"面板上方的锁定列表。单击锁定列表中的第一个图标"锁定透明像素"按钮，如图3-36所示，就可以按

Alt+Delete组合键为图层中的不透明部分填充颜色。

　　第二个图标是"锁定图像像素"按钮，如图3-37所示，可以将图层锁定为半锁定状态，为了防止用笔刷绘画的像素被修改，在网页设计中应用得不是很多。

图3-36　"锁定透明像素"按钮　图3-37　"锁定图像像素"按钮

　　第三个图标是"锁定像素位置"按钮，如图3-38所示，图层的锁定图标是空心的，呈半锁定状态，不影响在图层上进行其他颜色的添加或删减。

　　第四个图标是"锁定全部"按钮，如图3-39所示，锁定图层后则无法对该图层进行任何操作，这是对图层最彻底的保护方法。

图3-38　"锁定像素位置"按钮　图3-39　"锁定全部"按钮

⓫ 链接图层

　　在进行网页设计时，重复性地同时移动多个图层的方法是将这些图层链接起来，链接后的图层还可以进行对齐、合并、应用变换等操作，按住Shift键，同时用鼠标左键单击多个图层，然后单击"图层"面板左下方的"链接图层"按钮，这样"图层"面板上图层的后面就会出现链接图标，如图3-40所示。

图3-40　链接图层

⓬ 合并图层

在进行网页设计时，如果确定分布在多个图层上的图形不会再修改了，就可以将它们合并在一起，这样便于图像管理，单击"图层"面板右上方的下三角按钮，在弹出的菜单中选择"向下合并"（快捷键为Ctrl+E组合键）选项即可，如图3-41所示。

如果是客户已经确定的网页设计稿，因为后期要进行切图，所以可以将全部图层合并在一起。单击"图层"面板右上方的下三角按钮，在弹出的菜单中选择"拼合图像"或者"合并可见图层"（快捷键为Shift+Ctrl+E组合键）选项即可，如图3-42所示。

图3-41　"向下合并"选项　　　图3-42　"拼合图像"选项

⓭ 栅格化图层

在进行网页设计时，文字图层、形状图层、矢量图层之类的图层上不能再使用绘图工具或滤镜进行处理。如果需要处理这种类型的图层就要执行栅格化图层命令，文字图层栅格化后则无法进行文字修改，它将不再以文本形式存在。选择"文字图层"后单击"图层"面板右上方的下三角按钮，在弹出的菜单中选择"栅格化文字"选项即可，如图3-43所示。

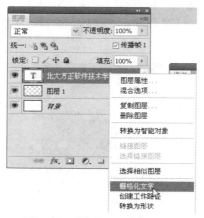

图3-43　"栅格化文字"选项

独立实践任务

任务 2 个人作品展示首页颜色搭配

任务背景

王小静同学正在为自己设计网站，她已经勾画完草图，接下来要做的事情是选择网页的主色调。

任务要求

设计制作一个娱乐版块网页，要求网页打开后不会出现水平滚动条和垂直滚动条。

尺寸要求：1002像素×600像素。

分辨率：72像素/英寸。

颜色模式：RGB颜色。

【技术要领】新建网页文件；文件名为英文名；保存文件。

【解决问题】设定文件尺寸；设定分辨率及色彩模式；分析网页风格，选择合适的网页色调。

【应用领域】个人网站；企业网站。

【素材来源】无。

任务分析

_____

_____

_____

_____

_____

主要制作步骤

_____

_____

_____

_____

_____

职业技能知识点考核

1．填空题

（1）在Photoshop CS5中，单击"图层"面板上方锁定列表中的_____按钮，锁定图层后则无法对该图层进行任何操作，是对图层最彻底的保护方法。

（2）"拼合图像"或者"合并可见图层"命令的快捷键是_____。

2．单项选择题

（1）Photoshop CS5中"矩形工具"的快捷键是_____。

A．C   B．D   C．M   D．T

（2）在Photoshop CS5中单击"锁定图像像素"按钮，可以将图层锁定为_____状态，这是为了防止用笔刷绘画的像素被修改。

A．部分锁定   B．半锁定   C．全锁定   D．非锁定

3．多项选择题

（1）颜色分_____两类。

A．彩色   B．灰色系   C．非彩色   D．有色系

（2）图层的最底层被锁定时，此时无法对背景图层进行_____改变。

A．混合模式   B．颜色   C．顺序   D．透明度

4．简答题

简述Photoshop CS5"图层"面板上方的锁定列表中有哪些按钮。

Adobe Photoshop CS5

模块 04

导航栏的设计和制作

网页信息内容的有效传达是通过将各种构成要素的设计编排来实现的，网页构成要素包括网页文字、图形、图像、标志、色彩等造型要素及标题、信息菜单、信息正文、标语、单位名称等内容要素。

能力目标

1. 能用Photoshop CS5制作各类型导航栏
2. 能用Photoshop CS5制作GIF广告条
3. 能用Photoshop CS5制作播放器模板

知识目标

1. 对比度的使用方法
2. 曲线的使用方法
3. 单列选框工具的使用方法

学时分配

8课时（讲课6课时，实践2课时）

模拟制作任务

任务 1 横向导航栏的设计和制作

任务背景

某学院要为在网络上展示老师和学生的设计作品制作一个网站，命名为"师生作品展示平台"，现在需要设计一个横向导航栏，如图4-1所示。

图4-1 横向导航栏

任务要求

横向导航栏设计不仅要美观，还要突出重点，并且在网页打开后不会出现水平滚动条。

重点、难点

1．利用圆角矩形工具绘制图形。
2．调整图像对比度。
3．单列选框工具的使用。
4．重复复制图层。

【技术要领】路径的应用。
【解决问题】设定文件尺寸；设定分辨率及色彩模式。
【应用领域】企业网站设计。
【素材来源】素材\模块04\任务1\daohang.jpg。

任务分析

网页中的导航栏是设计制作中较重要的部分，具有承上启下的作用。因此，除了美观外还要条理清晰，让浏览者一目了然。

操作步骤

在背景图上创建导航栏

01 选择"文件">"打开"命令，打开"素材\模块04\任务1\daohang.jpg"素材文件，如图4-2所示。

图4-2 打开后的文件

02 在"图层"面板中单击"创建新图层"按钮，新建"图层1"，如图4-3所示。

图4-3　创建新图层

03 选择工具箱中的"圆角矩形工具"，设置为"路径"模式，圆角的半径为"10px"，如图
4-4所示。

图4-4　"圆角矩形工具"属性

04 绘制一个长方形路径，用"路径选择工具"将其调整到合适位置，如图4-5所示。

图4-5　绘制好的路径

05 在"路径"面板中单击"将路径作为选区载入"按钮将路径变为选区，设置前景色为"白
色"，按Alt+Delete组合键为选区填充颜色，如图4-6和图4-7所示。

图4-6　"路径"面板

图4-7　填充颜色后的文档

06 按住Ctrl键，用鼠标左键单击"图层1"的缩览图调出其选区，选择"选择"＞"修
改"＞"边界"命令，在"边界选区"对话框中将宽度设定为"2"像素，单击"确定"按
钮，如图4-8和图4-9所示。

图4-8　"边界选区"对话框

图4-9 设定边界后的文档

07 选择"选择">"修改">"羽化"命令，在"羽化选区"对话框中将羽化半径设定为"2"
像素，如图4-10所示，单击"确定"按钮，按Ctrl+H键隐藏选区。

图4-10 "羽化选区"对话框

调整对比度

08 按Ctrl+M组合键，打开"曲线"对话框，设定输出值为"213"，输入值为"255"，单击
"确定"按钮，如图4-11和图4-12所示。

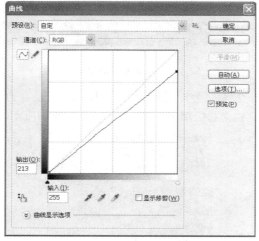

图4-11 "曲线"对话框

图4-12 修改曲线参数后

09 在"图层"面板中单击"创建新图层"按钮，新建"图层2"，将"图层2"拖曳到"图层
1"下方，按住Ctrl键，单击"图层1"的缩览图调出其选区，如图4-13所示。

图4-13 调出选区

10 选择"图层2"，选择"编辑">"描边"命令，在"描边"对话框中设置宽度为"2px"、
颜色数值为"000000"、位置为"居中"，其他选项默认，如图4-14所示，然后单击"确
定"按钮。设定"图层2"的不透明度为"20%"，如图4-15所示。

图4-14 "描边"对话框

图4-15 设置不透明度

11 按住Ctrl键，选中"图层1"和"图层2"，单击"图层"面板右上方的下三角按钮，在弹出的菜单中选择"合并图层"选项（快捷键Ctrl+E）。

12 选择工具箱中的"矩形选框工具"，如图4-16所示。在"图层1"中绘制一个矩形选区，把导航栏中多余的部分框选出来，按Delete键删除，最终效果如图4-17所示。

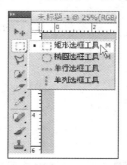

图4-16 矩形选框工具

图4-17 完成后的效果

创建导航栏的分隔符

13 在"图层"面板中单击"创建新图层"按钮，新建"图层2"，选择工具箱中的"单列选框工具"，如图4-18所示。在"图层2"中单击鼠标，创建一个分隔符选区，如图4-19所示。

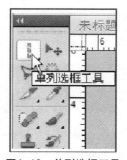

图4-18 单列选择工具

图4-19　定义选区

14 按D键恢复默认前景色为"黑色"，按Alt+Delete组合键给选区内填充颜色，设定其不透明度为"20%"，按Ctrl+D组合键取消选区，如图4-20所示。

图4-20　填充选区

15 选择"图层2"，如图4-21所示，将分隔符修改为合适长度，选择工具箱中的"移动工具"，按住Alt键，拖曳"图层2"中的分隔符，复制6个，将其调整到合适位置，如图4-22所示。

图4-21　"图层"面板

图4-22　"调整后的文档

创建三角形图标

16 在"图层"面板中单击"创建新图层"按钮，新建"图层3"，选择工具箱中的"多边形工具"，设置为"路径"模式，边数为"3"，如图4-23所示。

17 按住Shift键绘制一个三角形路径，如图4-24所示。

图4-23　"多边形工具"属性

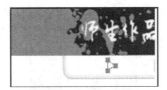

图4-24　绘制好的路径

18 在"路径"面板中单击"将路径作为选区载入"按钮将路径变为选区，如图4-25所示，设置前景色色值为"ffb308"，如图4-26所示，单击"确定"按钮，按Alt+Delete组合键为选区内填充颜色。

图4-25 "路径"面板

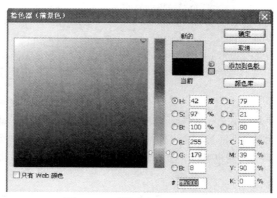

图4-26 "拾色器"对话框

19 选择工具箱中的"移动工具"，激活"图层3"，按住Alt键，拖曳"图层3"中的三角形，复制7个，将其调整到合适位置，在三角形后面加上相应的文字。横向导航栏的最终效果如图4-27所示。

图4-27 横向导航栏的画面效果

任务 2 竖向导航栏的设计和制作

任务背景

某学院制作的"师生作品展示平台"已经设计了一个横向导航栏，现在还需要设计一个竖向导航栏，如图4-28所示。

图4-28 竖向导航栏

任务要求

在网页左侧设计制作一个竖向导航栏。

尺寸要求：266像素×495像素。

分辨率：72像素/英寸。

颜色模式：RGB颜色。

重点、难点

1. 利用"锁定透明像素"按钮为图形填充颜色。
2. 利用"多边形工具"绘制图形。
3. 合并图层的快捷方式。

【技术要领】路径的应用。

【解决问题】设定文件尺寸；设定分辨率及色彩模式。

【应用领域】企业网站设计。

【素材来源】素材\模块04\任务2\tubiao1.jpg、tubiao2.jpg、tubiao3.jpg、tubiao4.jpg、tubiao5.jpg、tubiao6.jpg、tubiao7.jpg。

任务分析

"师生作品展示平台"网页的分类很多，都用在横向导航栏上时就要折行，会显得很繁乱，竖向导航栏可以无限向下延长，比较适合"师生作品展示平台"这种分类较多的页面。竖向导航栏一般会用在页面右侧（左侧也可以），在页面跳转的时候，竖向导航栏不会发生变化，是一个固定的标志性位置。

操作步骤

新建文档

01 按Ctrl+N组合键打开"新建"对话框，设定尺寸、分辨率、颜色模式，如图4-29所示，单击"确定"按钮。

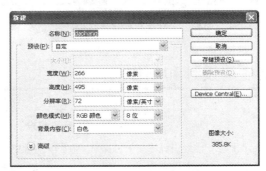

图4-29　"新建"对话框

02 设定前景色色值为"eaebe6"，如图4-30所示，按Alt+Delete组合键为背景层填充颜色。

图4-30　"拾色器"对话框

03 在"图层"面板中单击"创建新图层"按钮，新建"图层1"。选择工具箱中的"矩形选框工具"，在"图层1"中绘制一个矩形选区，设置前景色为"白色"，按Alt+Delete组合键给选区内填充颜色，如图4-31所示。

04 激活"图层1"，单击"锁定透明像素"按钮，如图4-32所示。

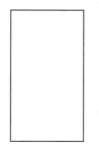

图4-31　填充颜色后的文档　　　　图4-32　锁定透明像素

05 选择工具箱中的"矩形选框工具"，在"图层1"中绘制一个矩形选区，设置前景色色值为"777b6a"，按Alt+Delete组合键给选区内填充颜色，如图4-33所示。

06 选择工具箱中的"矩形选框工具"，按住Shift键，在"图层1"中绘制一个正方形选区，设置前景色为"白色"，按Alt+Delete组合键给选区内填充颜色，如图4-34所示。

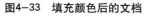

图4-33　填充颜色后的文档　　　　图4-34　填充颜色后的文档

用路径模式绘制五角星

07 在"图层"面板中单击"创建新图层"按钮，新建"图层2"，选择工具箱中的"多边形工具"，设置为"路径"模式，边数为"5"，多边形选项为"星形"，"缩进边依据"为"50%"，如图4-35和图4-36所示。

图4-35　多边形工具属性

图4-36　多边形选项

08 在"图层2"中绘制一个五星路径，如图4-37所示。

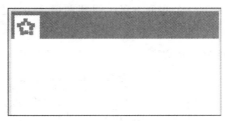

图4-37　绘制好的五星路径

09 在"路径"面板中单击"将路径作为选区载入"按钮将路径变为选区，如图4-38所示，设置前景色色值为"ecbb21"，如图4-39所示，单击"确定"按钮，按Alt+Delete 组合键给选区内填充颜色，如图4-40所示。

图4-38　"路径"面板

图4-39　"拾色器"对话框

图4-40　填充颜色后的文档

创建分隔符

10 在"图层"面板中单击"创建新图层"按钮，新建"图层3"，选择工具箱中的"单行选框工具"，如图4-41所示，在"图层3"中单击鼠标左键，创建一个分隔符选区，如图4-42所示。

图4-41　单行选框工具

11 设置前景色色值为"eaebe6"，按Alt+Delete组合键为"图层3"的选区填充颜色，按Ctrl+D 组合键取消选区，如图4-43所示。

图4-42　定义选区

图4-43　填充颜色后的文档

12 选择工具箱中的"移动工具"，激活"图层3"，按住Alt键，拖曳"图层3"中的分隔符， 复制6个，将其调整到合适位置，如图4-44所示。

制作导航图标

13 打开"素材\模块04\任务2\tubiao1.jpg、tubiao2.jpg、tubiao3.jpg、tubiao4.jpg、tubiao5.jpg、 tubiao6. jpg、tubiao7.jpg"文件，将其拖曳到竖向导航栏文件中，调整至合适位置，如图 4-45所示。

图4-44　设置好的分隔符

图4-45　调整好的文件

14 在"图层"面板中单击"创建新图层"按钮，新建"图层11"，选择工具箱中的"自动形 状工具"，设置为"路径"模式，形状为"箭头9"，如图4-46和图4-47所示。

图4-46　"自动形状工具"属性

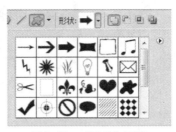

图4-47 "形状"面板

15 在"图层11"中绘制一个箭头，如图4-48所示。

16 在"路径"面板中单击"将路径作为选区载入"按钮，将路径变为选区，设置前景色为"白色"，按Alt+Delete组合键，为选区填充颜色，如图4-49所示。

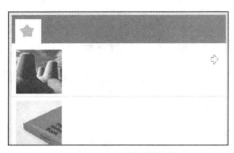

图4-48 绘制好的箭头

图4-49 "路径"面板

17 在"图层"面板中单击"创建新图层"按钮，新建"图层12"，将其拖曳至"图层11"下方。选择工具箱中的"椭圆选框工具"，按住Shift键，在"图层12"中绘制一个圆形选区，将其移至箭头下方，设置前景色的色值为"bebebe"，如图4-50所示，按Alt+Delete组合键在选区内填充颜色，如图4-51所示。

图4-50 "拾色器"对话框

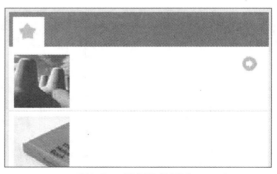

图4-51 绘制好的图形

18 按住Ctrl键，选中"图层11"和"图层12"，单击"图层"面板右上方的下三角符号，在弹出的快捷菜单中选择"合并图层"命令（快捷键为Ctrl+E）。

19 选择工具箱中的"移动工具"，激活"图层11"，按住Alt键，拖曳"图层11"中的箭头，复制7个，将其调整到合适位置，在图片后面加上相应的文字，竖向导航栏制作完毕，如图4-52所示。

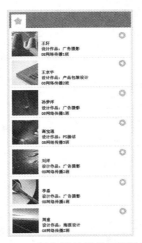

图4-52　竖向导航栏的画面效果

任务 3　GIF导航栏的设计和制作

任务背景

某学院制作的"师生作品展示平台"已经设计了一个横向导航栏和一个竖向导航栏，现在需要设计一个动态的特殊导航栏作为学生和教师沟通的板块链接按钮，如图4-53所示。

图4-53　动态导航栏效果

任务要求

在网页左侧设计制作一个动态的特殊导航栏。

尺寸要求：266像素×68像素。

分辨率：72像素/英寸。

颜色模式：RGB颜色。

重点、难点

1．定义图案。

2．图案填充。

3．GIF动画制作技巧。

【技术要领】路径的应用。

【解决问题】设定文件尺寸；设定分辨率及色彩模式。

【应用领域】企业网站设计。

【素材来源】素材\模块04\dtdh.gif。

任务分析

作为GIF导航按钮，所占画面是很小的，因此在创意上要有吸引力，构图要清晰，GIF动画要注意画面流畅度。

操作步骤

新建文档

01 按Ctrl+N组合键打开"新建"对话框，设定尺寸、分辨率、颜色模式，如图4-54所示，单击"确定"按钮。

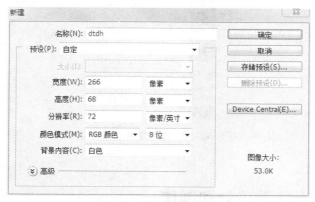

图4-54　"新建"对话框

02 设定前景色色值为"eaebe6"，如图4-55所示，按Alt+Delete组合键为背景层填充颜色。

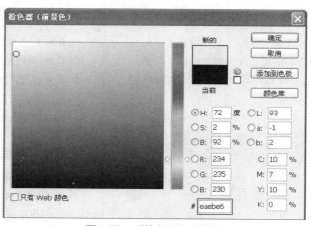

图4-55　"拾色器"对话框

03 在"图层"面板中单击"创建新图层"按钮，新建"图层1"，选择工具箱中的"矩形选框工具"，在"图层1"中绘制一个矩形选区，设置前景色为"白色"，按Alt+Delete组合键在选区内填充颜色，按Ctrl+D组合键取消选区，如图4-56所示。

图4-56　填充颜色后的文档

绘制圆角矩形

04 在"图层"面板中单击"创建新图层"按钮，新建"图层2"，选择工具箱中的"圆角矩形工具"，设置为"路径"模式，半径为"5px"，如图4-57所示。

图4-57 "圆角矩形工具"属性

05 在"图层2"中绘制一个长方形路径，如图4-58所示。

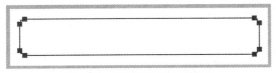

图4-58 绘制好的长方形路径

06 在"路径"面板中单击"将路径作为选区载入"按钮，将路径变为选区，如图4-59所示。选择工具箱中的"渐变工具"，设置渐变起始颜色色值为"c6e741"，终点颜色色值为"95ba0d"，如图4-60所示。45°角由左向右渐变，按Ctrl+D组合键取消选区，如图4-61所示。

图4-59 "路径"面板   图4-60 "渐变编辑器"对话框

图4-61 填充渐变色后的文档

定义图案

07 利用图案填充给渐变背景做一个效果。按Ctrl+N组合键打开"新建"对话框，背景内容为透明，设定尺寸、分辨率、颜色模式，如图4-62所示，单击"确定"按钮。

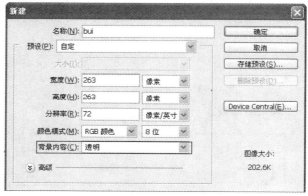

图4-62　"新建"对话框

08 选择工具面板中的"直线工具"，设置为填充像素，粗细为"1px"，如图4-63所示。

图4-63　"直线工具"属性

09 设置前景色色值为"799901"，按住Shift键在图层1中由上至下绘制一条线段，如图4-64所示。

10 选择工具箱中的"移动工具"，激活"图层1"，按住Alt键，拖曳"图层1"中的线段，复制9个。按住Shift键选中"图层"面板中所有的图层，如图4-65所示。

图4-64　绘制的线段　　　　图4-65　"图层"面板

11 单击"移动工具"属性面板中的"水平居中分布"按钮，如图4-66所示。按Ctrl+E组合键合并图层，如图4-67所示。

12 重复步骤10、11的方法，完成的效果如图4-68所示。

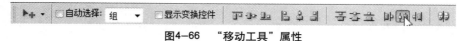

图4-66　"移动工具"属性

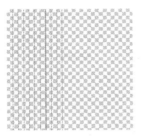

图4-67　调整后的文档　　　　图4-68　完成后的效果

13 按Ctrl+T组合键自由变换图层中的线段，按住Shift键旋转45°，如图4-69所示。

14 选择工具箱中的"矩形选框工具"，在图层中绘制一个矩形选区，如图4-70所示。

图4-69　旋转后的线段　　　　图4-70　绘制的矩形选区

15 选择"编辑">"定义图案"命令，弹出"图案名称"对话框，名称为默认，单击"确定"
按钮，如图4-71所示。

图4-71　"图案名称"对话框

图案填充

16 打开"dtdh"文档，在"图层"面板中单击"创建新图层"按钮，新建"图层3"，按住
Ctrl键单击"图层2"的缩览图调出其选区，如图4-72所示。

17 选择"编辑">"填充"命令，设置"使用"选项为"图案"，在"自定图案"中选择"图
案1"，如图4-73所示，单击"确定"按钮。

图4-72　调出选区　　　　　　图4-73　"填充"对话框

18 调整"图层3"的不透明度为"20%"，如图4-74所示。在"图层"面板中单击"创建新图层"按钮，新建"图层4"，按住Ctrl键，单击"图层2"的缩览图，调出其选区，选择"编辑">"描边"命令，弹出"描边"对话框，宽度设置为"1px"，颜色色值设为"799901"，位置设为"居中"，如图4-75所示，单击"确定"按钮。

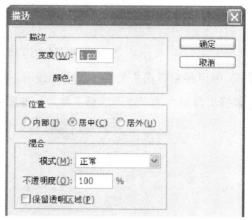

图4-74　"图层"面板　　　　　　　　　　　图4-75　"描边"对话框

绘制箭头图标

19 在"图层"面板中单击"创建新图层"按钮，新建"图层5"，选择工具箱中的"自定形状工具"，设置为"路径"模式，形状为"箭头9"，如图4-76和图4-77所示。

图4-76　"自定形状工具"属性　　　　　　　　　　　图4-77　"形状"面板

20 在"图层5"中绘制一个箭头，如图4-78所示。

图4-78　绘制好的箭头

21 在"路径"面板中单击"将路径作为选区载入"按钮将路径变为选区，如图4-79所示，设置前景色色值为"799901"，如图4-80所示，按Alt+Delete组合键，在选区内填充颜色。

图4-79　"路径"面板

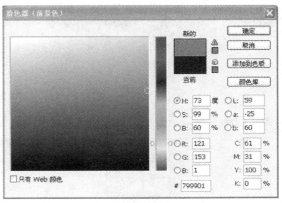

图4-80　"拾色器"对话框

22 在"图层"面板中单击"创建新图层"按钮，新建"图层6"，将其拖曳至"图层5"下方。选择工具箱中的"圆形选框工具"，按住Shift键在"图层6"中绘制一个正圆选区，将其移至箭头下方，设置前景色为"白色"，按Alt+Delete组合键在选区内填充颜色，如图4-81所示。

图4-81　绘制好的图形

文字排版

23 选择工具箱中的"横排文字工具"，设置前景色为"白色"，在文档中输入"教师风采"4个字，字体为"方正卡通简体"，字号为"20点"，行间距为"200"，如图4-82和图4-83所示。

图4-82　"字符"面板

图4-83　画面效果

制作GIF动画

24 选择"窗口">"动画"命令，出现第1帧的动画窗口，如图4-84所示。

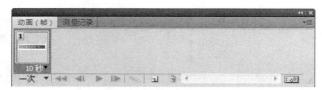

图4-84　动画窗口

25 单击"动画"窗口下方的"复制所选帧"按钮，建立第2帧，如图4-85所示。

图4-85　添加帧

26 选中第1帧，设置文字的不透明度为"0%"，检查第2帧有没有变化，如果透明度也改变就将其改成"100%"。利用同样的方法在第1帧中把"图层5"和"图层6"的不透明度改成"0%"。

27 在"动画"窗口中按住Shift键选中所有帧，单击下面的"过渡动画帧"按钮，如图4-86所示，在弹出的对话框设置"要添加的帧数"为"15"，如图4-87所示，单击"确定"按钮。

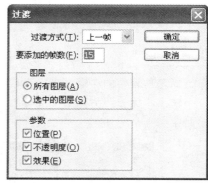

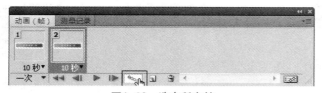

图4-86　选中所有帧　　　　　　　　　　　图4-87　"过渡"对话框

28 在"动画"窗口中按住Shift键选中所有帧，设置到合适的时间，单击"播放动画"按钮，检查动画是否正确，如图4-88所示。

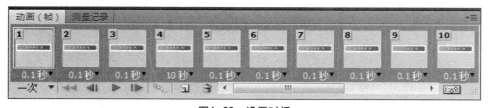

图4-88　设置时间

29 选择"文件"＞"存储为Web和设备所用格式"命令，设置格式为"GIF"，颜色为

"256"，其他选项默认，如图4-89所示，单击"存储"按钮。

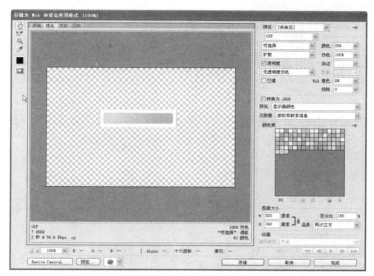

图4-89　"存储为Web和设备所用格式"对话框

30 制作完成，最终效果如图4-90所示。

图4-90　画面效果

任务 4　图片幻灯片导航播放器的设计和制作

任务背景

某学院制作的"师生作品展示平台"已经设计了一个横向导航栏、一个竖向导航栏和一个动态的特殊导航栏，现在需要设计一个展示学生作品的图片幻灯片导航播放器，如图4-91所示。

图4-91　图片幻灯片效果

任务要求

设计制作一个展示学生作品的图片幻灯片导航播放器。

尺寸要求：266像素×225像素。

分辨率：72像素/英寸。

颜色模式：RGB颜色。

重点、难点

1．绘制径向渐变。

2．添加投影图层样式。

3．透明色块的绘制。

【技术要领】路径的应用。

【解决问题】设定文件尺寸；设定分辨率及色彩模式。

【应用领域】企业网站设计。

【素材来源】素材\模块04\任务4\01.jpg、02.jpg、03.jpg

任务分析

各种类型的网站都需要用播放器来展示自己，播放器已经不仅仅局限于音乐播放，还可以用来播放图片幻灯、影视、Flash等。一个优秀的播放器是网站中不可缺少的元素。

操作步骤

新建文档

01 按Ctrl+N组合键打开"新建"对话框，设定尺寸、分辨率、颜色模式，单击"确定"按钮，如图4-92所示。

图4-92　"新建"对话框

绘制径向渐变

02 在"图层"面板中单击"创建新图层"按钮，新建"图层1"，选择工具箱中的"矩形选框工具"，在"图层1"中绘制一个矩形选区，如图4-93所示。

03 在工具栏中单击"渐变工具"，设置渐变起始颜色色值为"444444"，终点颜色色值为"737171"，如图4-94所示。按住Shift键，90°角由上向下渐变，按Ctrl+D组合键取消选区，如图4-95所示。

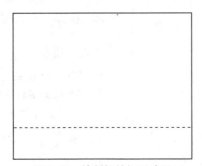

图4-93　绘制好的矩形选区

图4-94　"渐变编辑器"对话框

04 选择工具箱中的"矩形选框工具",在"图层1"渐变色块的上方中绘制一个矩形选区,设置前景色为"黑色",按Alt+Delete组合键在选区内填充颜色,按Ctrl+D组合键取消选区,如图4-96所示。

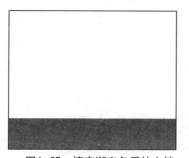 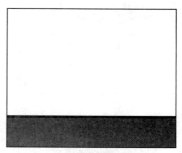

图4-95 填充渐变色后的文档　　　　图4-96 为选区填充颜色

绘制箭头图标

05 在"图层"面板中单击"创建新图层"按钮,新建"图层2",选择工具箱中的"自定形状工具",设置为"路径模式",形状为"箭头9",如图4-97和图4-98所示。

图4-97 "自定形状工具"属性

图4-98 "形状"面板

06 在"图层2"中绘制一个箭头,如图4-99所示。

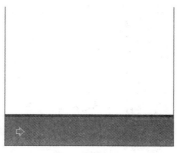

图4-99 绘制好的箭头

07 在"路径"面板中单击"将路径作为选区载入"按钮,将路径变为选区,如图4-100所示。选择工具箱中的"渐变工具",设置渐变起始颜色为"白色",终点颜色色值为"9e9e9e",如图4-101所示。按住Shift键,90°角由上向下渐变,按Ctrl+D组合键取消选区,如图4-102所示。

图4-100　"路径"面板　　　　　图4-101　"渐变编辑器"对话框

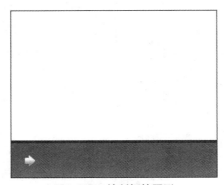

图4-102　绘制好的图形

08 激活"图层2"，单击"图层"面板底部的"添加图层样式"按钮，在弹出的下拉列表中选择"投影"，如图4-103所示。

图4-103　添加图层样式菜单

09 在弹出的"图层样式"对话框中设置"混合模式"为"正片叠底"，"不透明度"为"75%"，角度为"120°"，"距离"为"1像素"，"扩展"为"4%"，"大小"为"0像素"，单击"确定"按钮，如图4-104所示。

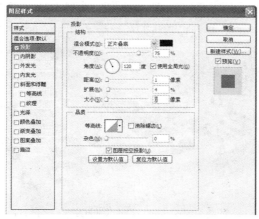

图4-104　"图层样式"对话框

10 打开"素材\模块04\任务4\01.jpg"文件，将其拖曳到播放器文件中，调整至合适位置，如图4-105所示。

绘制透明色块

11 激活"图层3"，在"图层"面板中单击"创建新图层"按钮，新建"图层4"，选择工具箱中的"矩形选框工具"，在"图层4"中绘制一个矩形选区，设置前景色为"黑色"，按Alt+Delete组合键，在选区内填充颜色，按Ctrl+D组合键取消选区，将"图层4"的透明度设置为"40%"，如图4-106和图4-107所示。

图4-105　调整好的文件

图4-106　"图层"面板

12 选择工具箱中的"横排文字工具"，设置前景色为"白色"，在文档中输入"企业宣传册设计"7个字，字体为"方正大黑简体"，字号为"19点"，放至合适位置，如图4-108所示。

图4-107　调整好的文件

图4-108　输入文字

13 打开"素材\模块04\任务4\01.jpg、02.jpg、03.jpg"文件，将其拖曳到播放器文件中，调整至合适位置后进行描边处理，播放器模板制作完成，如图4-109所示。

图4-109　图片幻灯片效果

知识点拓展

❶ 路径

Photoshop CS5 的路径是非常重要的造型工具，既可以绘制出网页设计中的完美曲线，也可以绘制出复杂的路径，还可以编辑已有的路径曲线。

路径可以是一条直线或者曲线构成的首尾不相连的开放路径，也可以是像选区一样封闭的区域，如图4-110 所示。

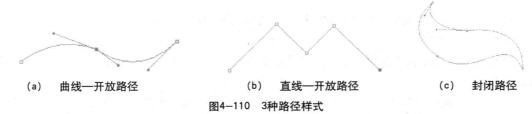

(a)　　曲线—开放路径　　　　　(b)　　直线—开放路径　　　　　(c)　　封闭路径

图4-110　3种路径样式

路径本来不能构成图形的一部分，只有在建立并填充颜色或运用画笔对其描边后，才能对图形产生影响。因此，绘制出来的路径在打印时是看不见的。

（1）路径的基本操作

路径工具分为路径编辑工具和路径选择工具两大类，如图4-111 和图4-112 所示。

图4-111　路径编辑工具　　　图4-112　路径选择工具

路径编辑工具包括钢笔工具、自由钢笔工具、添加锚点工具、删除锚点工具、转换点工具5种。路径选择工具包括路径选择工具和直接选择工具两种。

（2）路径的基本使用

每一个工具在使用的时候都会有属于自己的属性栏，路径工具也不例外，单击"钢笔工具"，操作界面上就会出现其属性，如图4-113 所示。

图4-113　"钢笔工具"属性

形状图层：选择形状图层绘制图形时，图形效果是形状图层的填充，在网页设计中不经常应用。它是路径的一种运用方式。

路径：网页设计中经常运用这种形式绘制图形，选择路径形式便能确定我们绘制的图形是透明的路径图。

填充像素：在利用"钢笔工具"绘制路径的时候，填充像素处于无法选择的状态，它的图形效果是直接定义为像素图片，属于封闭路径中运用的一种方式。

（3）绘制直线路径

使用钢笔工具绘制最简单的线条是直线，它是通过单击"钢笔工具"创建锚点来完成的。

① 选择工具箱中的"钢笔工具"，设置为"路径"模式，单击确定第一个锚点，移动鼠标到其他位置单击，两个锚点之间会以直线连接，如图4-114所示。

图4-114 直线开放路径

② 编辑绘制的直线开放路径，选择工具箱中的"钢笔工具"或者按住Ctrl键，然后单击要编辑的路径进行任意修改。

③ 绘制闭合路径的方法，选择"工具箱"中的"钢笔工具"，任意绘制3点，然后将钢笔工具放在第一个锚点上，这时鼠标指针右下角会出现一个小圆圈，单击鼠标即可使路径封闭，如图4-115所示。

④ 绘制水平、垂直或为45°角的路径时按住Shift键绘制即可。

（4）绘制曲线路径

曲线段可以是任意弯曲的形状，方向线和方向点的位置决定了曲线段的形状。绘制曲线路径的步骤如下。

① 选择工具箱中的"钢笔工具"，单击确定第一个锚点，移动鼠标到其他位置单击并拖动鼠标，此时钢笔工具变成箭头的图标，拖出的方向线随鼠标的移动而移动，释放鼠标，如图4-116所示。

图4-115 闭合路径的绘制　　　　　　图4-116 绘制曲线路径的技巧

② 将钢笔工具移动到其他位置单击并沿相反的方向拖动鼠标，就可以得到一条弧线，如图4-117所示。

③ 一般情况下，不可能一次绘制出完美的曲线，调整绘制好的曲线的方法是按住Ctrl键，单击路径上的任意一个锚点编辑即可。

④ 要想取消锚点的一个方向线，按住Alt键单击其锚点即可。

（5）自由钢笔工具绘制路径

图4-117 绘制波浪形曲线

自由钢笔工具完全由用户自由控制，可以绘制出任意形状的路径，与套索工具类似。按住鼠标左键进行拖曳，线段开始形成，松开鼠标，线段终止，鼠标拖曳的轨迹就是路径的形状。

（6）填充路径

填充路径是指可以选用合适的颜色、图案来填充路径，填充的区域在封闭的路径内进行。

① 选择工具箱中的"自定形状工具"，设置为路径模式，形状为"爪印（猫）"，如图4-118和图4-119所示。

图4-118　"自定形状工具"属性

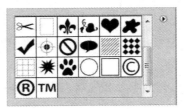

图4-119　"形状"面板

② 在图层中绘制一个形状，如图4-120所示。

图4-120　绘制好的形状

③ 单击"路径"面板中的"用前景色填充路径"按钮填充路径，如图4-121和图4-122所示。

图4-121　"路径"面板

图4-122　填充路径

（7）描边路径

描边路径就是沿着路径的轨迹来绘制一个边框。

单击"路径"面板中的"用画笔路径"按钮描边路径，如图4-123和图4-124所示。

图4-123　"路径"面板　　　　　　　图4-124　描边路径

（8）路径向选区的转换

我们使用路径的目的就是为了获得相对精确的选区，把绘制精确的路径轮廓线转换为选区边框，然后进行填充颜色或者描边。

单击"路径"面板中的"将路径作为选区载入"按钮调出选区，如图4-125和图4-126所示。

图4-125　"路径"面板　　　　　　　图4-126　路径向选区的转换

（9）选区向路径的转换

单击"路径"面板中的"从选区生成工作路径"按钮调出路径，如图4-127和图4-128所示。

图4-127　"路径"面板　　　　　　　图4-128　从选区生成工作路径

（10）钢笔工具应用技巧总结

大家在选择调整路径上的一个点后，按住Alt键单击，再在点上单击一下，这时其中一根"调节线"将会消失，再单击下一个路径点时就不会受影响了。

按住Alt键后在路径控制板上的垃圾桶图标上单击鼠标可以直接删除路径。

使用路径其他工具时按住Ctrl键使光标暂时变成方向选取范围工具。

单击"路径"面板上的空白区域可关闭所有路径的显示。在单击"路径"面板下方的几个按钮（用前景色填充路径、用画笔描边路径、将路径作为选区载入）时，按住Alt键可以看见一系列可用的工具或选项。

如果需要移动整条或者多条路径，选择所需移动的路径，然后按Ctrl+T键即可拖动路径至任何位置。

使用笔形工具制作路径时按住Shift键可以强制路径或方向线成水平、垂直或45°角，按住Ctrl键可暂时切换到路径选取工具，按住Alt键将笔形光标在黑色节点上单击可以改变方向线的方向，使曲线能够转折；按住Alt键用路径选取工具单击路径会选取整个路径；要同时选取多个路径可以按住Shift键后逐个单击。

独立实践任务

任务 5 个人作品展示首页导航栏和播放器的设计制作

任务背景

王小静同学正在为自己设计网站，网页的主色调确定后，开始着手设计导航栏和图片幻灯片。

任务要求

横向导航栏设计不仅要美观，而且要突出重点，网页打开后还不会出现水平滚动条。

图片幻灯片的尺寸自定，分辨率为72像素/英寸，颜色模式为RGB颜色。

【技术要领】导航栏及幻灯片尺寸要和网页整体比例搭配；文件名为英文名；保存文件。

【解决问题】设定文件尺寸；设定分辨率及色彩模式；网页风格统一。

【应用领域】个人网站；企业网站。

【素材来源】无。

任务分析

_____

_____

_____

_____

_____

_____

_____

_____

_____

_____

_____

_____

_____

_____

_____

_____

主要制作步骤

职业技能知识点考核

1．填空题

（1）在Photoshop CS5中按＿＿＿＿＿键默认前景色为黑色，按＿＿＿＿＿＿取消选区。

（2）在Photoshop CS5的"路径"面板中单击"将路径作为选区载入"按钮，可以将路径变为＿＿＿＿＿＿。

2．单项选择题

（1）Photoshop CS5中填充前景色的快捷键是＿＿＿＿＿＿。

A．Ctrl+Delete   B．Shift+Delete

C．Alt+Delete   D．Tab+Delete

（2）选择"选择" > "修改" > "羽化"命令的快捷键是＿＿＿＿＿＿。

A．Shift+Ctrl+D   B．Alt+Ctrl+E

C．Alt+Shift+D   D．Alt+Ctrl+D

3．多项选择题

（1）将图4-129中的路径转换成下图的选区，下列操作方法描述正确的是＿＿＿＿＿＿。

A．使用路径选择工具，单击鼠标右键，在弹出的快捷菜单中选择"建立选区"

B．按住Ctrl键，单击"路径"面板中的"当前工作路径"按钮

C．单击"路径"面板中的"将路径作为选区载入"按钮

D．按住Shift键，单击"路径"面板中的"将路径作为选区载入"按钮，将弹出"建立选区"对话框，对创建的新选区进行设定

图4-129　图形的转换

（2）下列关于选区"羽化"命令说法正确的是＿＿＿＿＿＿。

A．"羽化"最大值可以设定为250像素　　B．"羽化"最大值可以设定为255像素

C．"羽化"最小值可以设定为0.1像素　　D．"羽化"最小值可以设定为0.2像素

4．简答题

简述网页设计中导航栏的一般分辨率及颜色模式。

Adobe Photoshop CS5

模块 05
按钮的设计与制作

　　一个完美的网页按钮设计使用户在放弃并离开网站之前重新进入下一个页面。

　　好的按钮设计必不可少的5个特征如下：

　　1．颜色

　　颜色一定要使页面相比更加与众不同，因此要更亮而且有高对比度的颜色。

　　2．位置

　　按钮应该位于用户更容易找到的地方。产品旁边、页头、导航的顶部右侧都是醒目且不难找到的地方。

　　3．文字表达

　　在按钮上使用什么文字表达给用户是非常重要的。文字应当简短并且切中要点。

　　4．尺寸

　　如果是最重要的按钮并且希望更多的用户单击，那么应该让此按钮更醒目些。把这个按钮设计得比其他按钮更大些并让用户在更多的地方找到。

　　5．可"呼吸"的空间

　　按钮不能与网页中的其他元素挤在一起，需要充足的外边距才能更加突出，也需要更多的内边距才能让文字更容易阅读。

能力目标
能用Photoshop制作各种类型的按钮

学时分配
10课时（授课6课时，实践4课时）

知识目标
1. 了解路径绘制图形的方法。
2. 了解图层蒙版的应用。
3. 了解图层样式的复制技巧。

模拟制作任务

任务 1 水晶图标按钮的设计和制作

任务背景

某学院为在网络上展示老师和学生的设计作品，打算制作一个网站，暂时命名为"师生作品展示平台"，现在需要为网站制作不同的按钮。"师生作品展示平台"是一个多页面的网站，每一个页面都需要不同的按钮，现在为"实训室"页面某区域设计一个水晶图标按钮，如图5-1所示。

任务要求

为"实训室"页面某区域设计一个水晶图标按钮。

尺寸要求：600像素×400像素。

分辨率：72像素/英寸。

颜色模式：RGB颜色。

重点、难点

添加多种图层样式。

透明投影的制作。

图5-1　制作水晶图标按钮

【技术要领】图层样式的应用。

【解决问题】设定文件尺寸；设定分辨率及色彩模式。

【应用领域】企业网站设计。

【素材来源】无。

任务分析

按钮是网页必不可少的元素之一，起到链接下一个页面的作用，一个设计完美的按钮也会给网页增色不少。

案例描述

使用"叠加"图层混合模式，使图像更好地融合

通过添加图层样式，使图像达到立体效果

操作步骤

新建文档

01 按Ctrl+N组合键,打开"新建"对话框，设定文件尺寸、分辨率、颜色模式，如图5-2所示。

单击"确定"按钮。

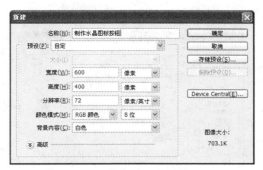

图5-2 "新建"对话框

使用图层样式制作按钮

02 选择工具箱中的"渐变工具",在其工具选项栏中,单击"可编辑渐变条",弹出"渐变编辑器"对话框,选择"前景色到背景色的渐变"的渐变类型,起始色设置为"白色",终点色设置为"R173、G173、B173",单击"确定"按钮,在图像中按住Shift键从上往下拖曳鼠标进行绘制,如图5-3所示。

图5-3 渐变选框

03 单击"图层"面板中的"创建新图层"按钮,新建"图层1"。将前景色设置为"白色",选择工具箱中的"椭圆选框工具",在图像中按住Shift键绘制圆形选区,按Alt+Delete组合键在选区内填充颜色,如图5-4所示。

图5-4 填充图形

04 单击"图层"面板中"添加图层样式"按钮，在弹出的下拉菜单中选择"投影"选项，弹出"图层样式"对话框，如图5-5所示，单击"确定"按钮。

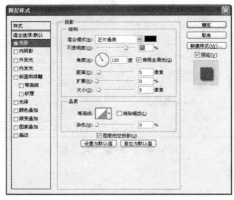

图5-5　"图层样式"对话框

05 保持选区不变。单击"图层"面板中的"创建新图层"按钮，新建"图层2"，选择工具箱中的"渐变工具"，在其工具选项栏中，单击"可编辑渐变条"，弹出"渐变编辑器"对话框，选择"前景色到背景色的渐变"的渐变类型，将前景色设置为"R248、G9、B43"，背景色设置为"白色"，单击"确定"按钮，在图像中按住Shift 键进行绘制，如图5-6所示。

图5-6　渐变

06 保持选区不变。单击"图层"面板上的"创建新图层"按钮，新建"图层3"。将前景色设置为"R185、G39、B39"，按Alt+Delete组合键填充前景色，按Ctrl+D组合键取消选区，如图5-7所示。

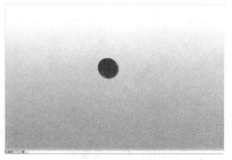

图5-7　填充按钮

07 选择工具箱中的"椭圆选框工具"，在其工具选项栏中，将羽化值设置为"8"，在图像中创建一个选区，如图5-8所示。按Delete键删除选区内的图像，按Ctrl+D组合键取消选区，如图5-9所示。

图5-8　羽化

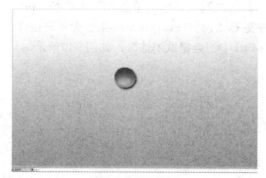

图5-9　删除选区

08 将前景色设置为"白色"，单击"图层"面板上的"创建新图层"按钮，新建"图层4"。选择工具箱中的"椭圆选框工具"，在其工具选项栏中，将羽化值设置为"0"，在图像中绘制如图5-10所示的选区。

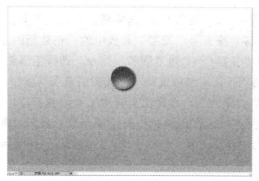

图5-10　创建选区

09 选择工具箱中的"渐变工具"，在其工具选项栏中，单击"可编辑渐变条"，弹出"渐变编辑器"对话框，选择"白色到透明"的渐变类型，单击"确定"按钮，在图像中绘制渐变，按Ctrl+D组合键取消选择，如图5-11所示。

图5-11　渐变图像

🔟 单击"图层"面板上的"创建新图层"按钮，新建"图层5"，将其拖曳至"图层4"下方，并将其图层混合模式设置为"叠加"，不透明度设置为"60%"。选择工具箱中的"自定形状工具"，在其工具选项栏中，单击"形状扩展"按钮，在弹出的下拉菜单中选择合适的图形，在图中进行绘制并按Ctrl+Enter 组合键将路径作为选区载入，按Alt+Delete组合键填充前景色，按Ctrl+D组合键取消选区，如图5-12所示。

图5-12　载入图形

⓫ 按住Shift键选择"图层1"和"图层4"，选中两层之间的所有图层并按Ctrl+G组合键将其编组，得到"组1"。将其拖曳至"图层"面板中的"创建新图层"按钮上，得到"组1副本"。选择"编辑" > "变换" > "垂直翻转"命令。选择工具箱中"移动工具"，将图像移动到合适位置。单击"图层"面板上的"添加图层蒙版"按钮，为"组1副本"添加图层蒙版，将前景色设置为"黑色"，选择工具箱中的"渐变工具"，在其工具栏中选择"前景色到背景色"的渐变类型，在图像中进行绘制渐变。按Shift键选择"组1"和"组1副本"，选择工具箱中的"移动工具"移动图像，效果如图5-13所示。

图5-13　添加图层蒙版

12 使用同样的方法制作其他两个水晶按钮，图像效果如图5-14所示。

图5-14　最终效果图

任务 2　晶莹剔透按钮的设计和制作

任务背景

"师生作品展示平台"是一个多页面的网站，在内页制作一些图标按钮，如图5-15所示。

图5-15　图标按钮

任务要求

为"实训室"页面某区域设计一个晶莹剔透按钮。

尺寸要求：400像素×338像素。

分辨率：72像素/英寸。

颜色模式：RGB颜色。

重点、难点

1．用"椭圆工具"绘制圆形。

2．羽化、扩展选区。

3．按钮投影的制作。

【技术要领】图层样式的应用。

【解决问题】设定文件尺寸；设定分辨率及色彩模式。

【应用领域】企业网站设计。

【素材来源】无。

任务分析

晶莹剔透图标按钮在现在的网站设计中比较时尚，应用很广泛。

操作步骤

新建文档

01 选择"文件">"打开"命令，打开目录下"素材\模块05\任务2\001.jpg"文件，将其拖曳至新建文档中，调整为合适大小，如图5-16所示。

图5-16　调整大小

02 在"图层"面板中单击"创建新图层"按钮，新建图层并改名称为"形状1"，选择工具箱中的"椭圆选框工具"，按住Shift键绘制一个正圆形，如图5-17所示。

图5-17　绘制图形大小

03 双击"形状1"图层，打开"图层样式"对话框，勾选"渐变叠加"、"斜面和浮雕"复选框，参数设置如图5-18所示，单击"确定"按钮。

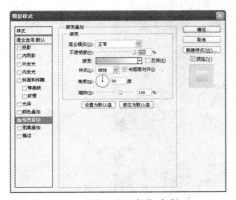 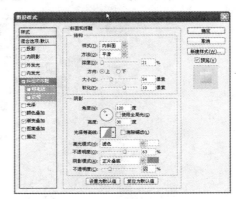

（a）　"渐变叠加"参数　　　　　　　　　（b）　"斜面和浮雕"参数

图5-18　"图层样式"对话框

04 再次双击"形状1"图层，打开"图层样式"对话框，继续勾选"光泽"、"描边"复选框，参数设置如图5-19所示，单击"确定"按钮。

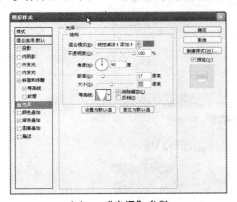 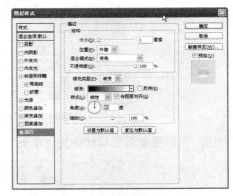

（a）　"光泽"参数　　　　　　　　　　（b）　"描边"参数

图5-19"图层样式"对话框

05 在"图层"面板中单击"创建新图层"按钮，新建"图层1"，使用画笔在视图中绘制图像，效果如图5-20所示。

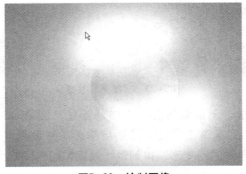

图5-20　绘制图像

06 按住Ctrl键单击"形状1" 蒙版缩览图生成选区，按Ctrl+Shift+I组合键将选区反向，按
Delete键删除选区内的图像，按Ctrl+D组合键取消选区。如图5-21所示。

图5-21 删除选项内容

07 选择"滤镜">"模糊">"高斯模糊"命令，弹出"高斯模糊"对话框，半径设置为
"4.0"，单击"确定"按钮，设置如图5-22所示。

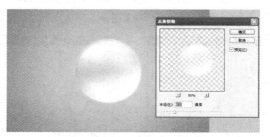

图5-22 "高斯模糊"对话框

08 将"图层1"的图层混合模式改为"柔光"，效果如图5-23所示。

图5-23 "柔光"效果

09 在"图层"面板中单击"创建新图层"按钮，新建"图层2"， 将前景色设置为"白
色"，选择工具箱中的"画笔工具"，绘制出阴影，并设置混合模式为"线性光"，按
Ctrl+T组合键对绘制的阴影进行变形，得到最终效果如图5-24所示。

图5-24　最终效果图

任务 3　立体便签条按钮的设计和制作

任务背景

"师生作品展示平台"是一个多页面的网站，根据网站的需求，需要在页面制作一些小图标的按钮，如图5-25所示。

图5-25　图标按钮

任务要求

在"课程展示"链接页面设计一个圆形按钮。

尺寸要求：400像素×338像素。

分辨率：72像素/英寸。

颜色模式：RGB颜色。

重点、难点

使用"钢笔工具"绘制路径。

【技术要领】图层样式的应用。

【解决问题】设定文件尺寸；设定分辨率及色彩模式。

【应用领域】企业网站设计。

【素材来源】无。

任务分析

立体便签条按钮在现在的网站设计中比较时尚，应用也很广泛。

操作步骤

新建文档

01 选择"文件">"新建"命令，弹出 "新建"对话框，具体参数设置如图5-26所示，单击 "确定"按钮。

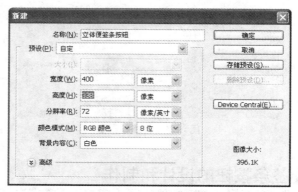

图5-26 "新建"对话框

绘制按钮

02 选择工具箱中的"钢笔工具"，在视图中绘制路径，得到效果如图5-27所示

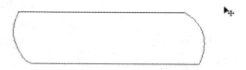

图5-27 钢笔路径

03 在"图层"面板中单击"创建新图层"按钮，新建"图层 1"，按Ctrl+Enter组合键将路径转换为选区，将前景色设置为"黑色"，按Alt+Delete组合键填充前景色，按Ctrl+D组合键取消选区，图像效果如图5-28所示。

图5-28 填充颜色

04 双击"图层1"，弹出"图层样式"对话框，勾选"渐变叠加"复选框，具体参数设置如图5-29所示，设置完毕后单击"确定"按钮，图像效果如图5-30所示。

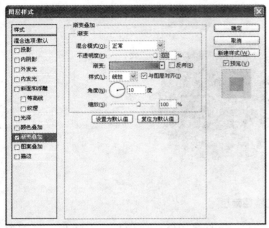

图5-29 "渐变叠加"参数　　　　　图5-30 填充效果图

05 双击"图层1",弹出"图层样式"对话框,勾选"投影"复选框,具体参数设置如图5-31
所示,设置完毕后单击"确定"按钮,图像效果如图5-32所示。

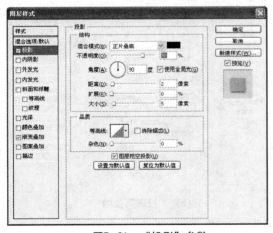

图5-31 "投影"参数　　　　　图5-32 投影效果

06 选择工具箱中的"钢笔工具",在视图中绘制路径,得到效果如图5-33所示。

图5-33 钢笔路径

07 在"图层"面板中单击"创建新图层"按钮,新建"图层 2",按Ctrl+Enter组合键将路径
转换为选区,将前景色设置为"黑色",按Alt+Delete组合键填充前景色,按Ctrl+D组合键

取消选区，图像效果如图5-34所示。

图5-34　填充路径颜色

08 双击"图层2"，弹出"图层样式"对话框，勾选"渐变叠加"、"投影"复选框，具体参数设置如图5-35所示，设置完毕后单击"确定"按钮，图像效果如图5-36所示。

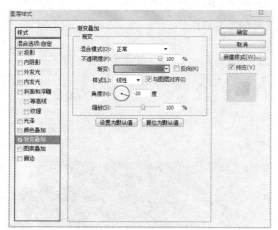　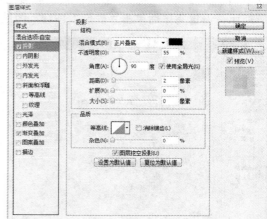

（a）"渐变叠加"参数　　　　　　　（b）"投影"参数

图5-35　"图层样式"对话框

图5-36　图像效果图

09 选择工具箱中的"钢笔工具"，在"图层2"中绘制路径，如图5-37所示。

图5-37　钢笔路径

10 按Ctrl+Enter组合键将路径作为选区载入，按Delete键删除选区内的图像，按Ctrl+D组合键取消选区，得到的图像效果如图5-38所示。

图5-38　删除选区图像

11 利用第9和第10步骤可以制作出如图5-39所示的效果图。

图5-39　效果图

12 按Ctrl+D组合键取消选区，选择工具箱中的"横排文字工具"，在其工具选项栏中设置合适的字体及字号，颜色设置为"白色"，在图像中输入文字，图像效果如图5-40所示。

图5-40　输入文字

13 双击文本图层，弹出"图层样式"对话框，勾选"渐变叠加"、"描边"复选框，具体参数设置如图5-41所示。

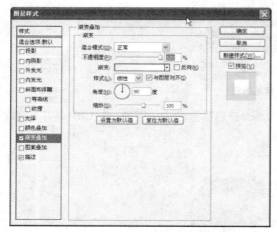 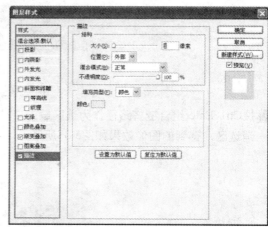

（a）　"渐变叠加"参数　　　　　　　　（b）　"描边"参数

图5-41　"图层样式"对话框

14 设置完毕后单击"确定"按钮，图像效果如图5-42所示。

图5-42　最终效果图

知识点拓展

❶ 调用图层样式

（1）从菜单栏中调用

在"图层"面板中先单击需要设置"图层样式"的图层，选择"图层">"图层样式"命令，在"图层样式"下拉菜单中可以看到所有的图层样式。任意选择一个项目，即可调出"图层样式"对话框，如图5-43所示。

（2）从"图层"面板中调用

在"图层"面板中先单击需要设置"图层样式"的图层，单击"图层"面板中的"图层样式"图标，在弹出的下拉列表中选择任意图层样式项目，即可调出"图层样式"对话框，如图5-44所示。

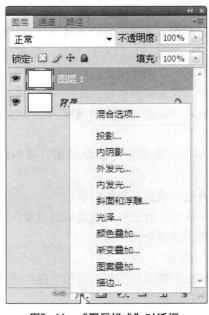

图5-43　"图层样式"菜单　　　　图5-44　"图层样式"对话框

（3）双击图层栏调用

在"图层"面板中双击需要设置"图层样式"的图层，也可以调出"图层样式"对话框。

（4）右击图层栏调用

在"图层"面板中需要设置"图层样式"的图层上右击，在弹出的快捷菜单中选择"混合选项"命令，即可调出"图层样式"对话框。

❷ 图层样式的类型

（1）投影

选择"图层样式"选项中的"投影"命令，设置投影的属性，如图5-45所示。

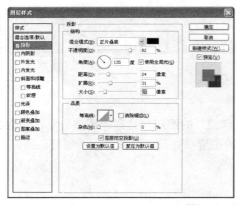

图5-45　设置投影

"投影"命令中的各个选项的含义如下。

①混合模式：在下拉列表中为投影选择不同的混合模式，能得到不同的投影效果。单击右侧色块，为投影设置颜色。

②不透明度：设置投影的不透明度。数值越大，投影越清晰；数值越小，投影越模糊。

③角度：设置投影的投射方向。如果选择"使用全局光"命令，投影可以使用全局光设置，不能使用角度数值定义。

④距离：定义投影的投射距离。

⑤扩展：增加投影的投射强度。数值越大，投影的强度越大，投影的效果也越明显，反之则越不明显。

⑥大小：设置投影的模糊范围，该数值越大，模糊范围越高；该数值越小，模糊范围越低。

⑦等高线：设置投影的形状。

⑧消除锯齿：混合等高线边缘的像素，让投影更加平滑。

⑨杂色：为投影添加杂色。

（2）内阴影

"内阴影"图层样式可以为位于图层内容边缘的像素添加内阴影的投影，使图像呈凹陷的效果，如图5-46所示。

图5-46　设置内投影

"内阴影"的设置方式基本上与"投影"的设置方式相同，有区别的只有"投影"是通过"扩展"选项来控制阴影的渐变范围，而"内阴影"是通过"阻塞"选项来控制的。

（3）外发光

"外发光"选项可以沿着图层外边缘的像素创建图层发光效果，如图5-47所示。

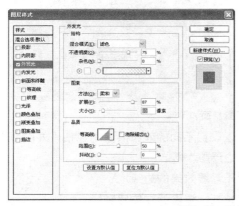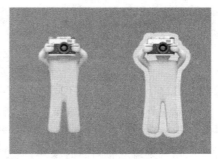

图5-47　设置外发光

①混合模式：用来设置发光效果与图层的混合模式。

②不透明度：用来设置发光效果的不透明度，数值越低，发光效果就越低。

③杂色：用来随即添加发光颜色中的杂色。

④发光颜色：用来设置发光的颜色，同时可以将发光颜色设置为单色发光和渐变色发光两种发光模式。单击后面的渐变条可以使用渐变编辑器来设置渐变颜色。

⑤方法：用来设置发光的方法，来控制发光的精确程度。

⑥扩展/大小：用来设置发光光晕的范围和大小。

（4）内发光

"内发光"选项用于为图像添加内发光效果。该选项参数设置与"外发光"图层样式的基本相同。可以使用"内发光"命令制作图像的内发光的效果，还可以设置"渐变类型"参数，调整发光效果，使发光效果更加漂亮、好看，如图5-48所示。

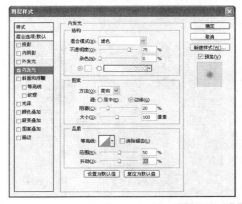

图5-48　设置内发光

（5）斜面和浮雕

"斜面和浮雕"选项可以创建斜面或浮雕的三维立体效果的图像，如图5-49所示。

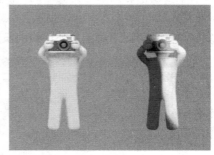

图5-49　设置斜面和浮雕

①样式：选择下拉列表中的不同选项，可以设置不同的效果，其中包括"外斜面"、"内斜面"、"浮雕效果"、"枕状效果"、"描边浮雕"等。

②方法：用来创建浮雕的方法，主要作用于浮雕效果的边缘。

③深度：用来设置浮雕斜面的深度，数值越高，浮雕的立体感越强。

④方向：用来设置浮雕的高光和阴影的位置。在设置浮雕的高光和阴影的位置之前，首先要设置光源的角度。

⑤大小：用来设置浮雕和斜面中阴影面积的大小。

⑥角度/高度：用来设置照射光源的照射角度和高度。如果要勾选"全局光照明"则所有的浮雕和斜面的角度都要保持一致。

⑦光泽等高线：用于为斜面和浮雕的表面添加光泽，创建具有金属外观的浮雕效果。

⑧图案：用于为斜面和浮雕添加纹理，让纹理的效果变得更加丰富。

⑨高光模式与"阴影模式"：用来设置高光的混合模式、颜色和不透明度。在这两个下拉列表框中，可以为形成倒角或浮雕效果选择不同的混合模式，从而得到不同的效果。

（6）光泽

"光泽"：选项可以根据图像内部的形状应用于投影，来创建金属表面的光泽外观。你可以根据"等高线"的不同选项来设置和改变光泽的样式，效果如图5-50所示。

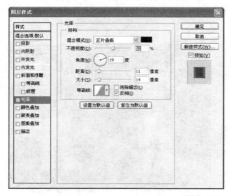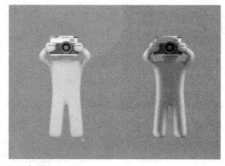

图5-50　设置光泽

（7）颜色叠加

"颜色叠加"：可以为图像叠加某种颜色。你只需要设置一种叠加颜色，设置混合模式和不透明度即可，如图5-51所示。

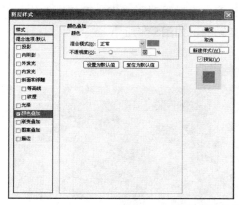

图5-51 设置颜色叠加

（8）渐变叠加

"渐变叠加"：可以在当前选择的图层上叠加指定的渐变颜色，如图5-52所示。

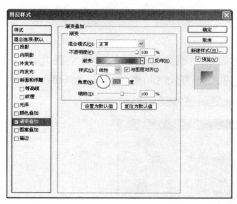

图5-52 设置渐变叠加

（9）图案叠加

"图片叠加"：可以在图层上叠加指定的图案，可以设置图案的不透明度和混合模式。如图5-53所示。

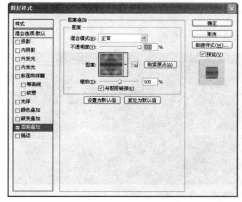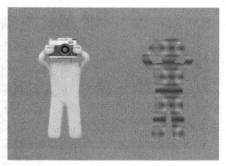

图5-53 设置图案叠加

（10）描边

"描边"：为图案和文字添加不同颜色的轮廓，尤其是对于文字，有特别的作用。在"描边"选项中，你可以为图案添加单色轮廓和渐变轮廓，如图5-54所示。

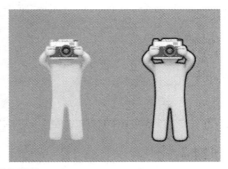

图5-54　设置描边

❸ 运用图层样式

（1）填充不透明度

改变这个选项的百分比只会影响层本身的内容，不会影响层的样式，因此调节这个选项可以将层调整为透明的，同时保留层样式的效果，如图5-55和图5-56所示。可以看出，填充降低，并没有影响到图层样式的透明度，而不透明度则整体受到影响。

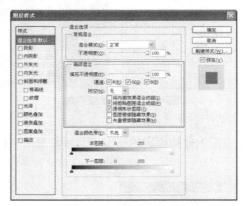

图5-55　"图层样式"对话框

图5-56　不透明度和填充不透明度的区别

（2）通道RGB

这3个复选框取消任何一个，都相当于把对应通道填充成白色，例如去掉红色，这个图层就偏红了，如图5-57所示（这个通道选择也作用于所有的图层效果上）。

图5-57　去掉"R"选项

（3）挖空

挖空有3种方式：深、浅和无，用来设置当前层在下面的层上"打孔"并显示下面层内容的方式。如果没有背景层，当前层就会在透明层上打孔。要想看到"挖空"效果，必须将当前层的填充不透明度（而不是普通层不透明度）设置为0或者小于100%，使效果显示出来，如图5-58所示。

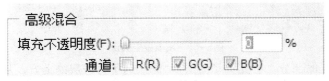

图5-58　挖空

如果对不是图层组成员的层设置"挖空"，这个效果将会穿透到背景层，即当前层中的内容所占据的部分将全部或者部分显示背景层的内容（按照填充不透明度的设置不同而不同）。在这种情况下，将"挖空"设置为"浅"或者"深"是没有区别的。但是，如果当前层是某个图层组的成员，那么"挖空"设置为"深"或者"浅"就有了区别。如果设置为"浅"，打孔效果将只能进行到图层组下面的一层；如果设置为"深"，打孔效果将一直深入到背景层。

下面通过一个例子来说明。图5-59由5层组成：背景层为黑色，图层4为灰色，图层1、2、3的颜色分别是红、绿和蓝，最上面的3层组成一个层组。

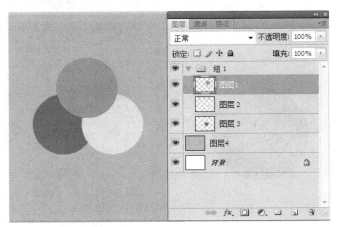

图5-59　图层实例

选择"图层1"，打开"图层样式"对话框，设置"挖空"为"浅"并将"填充不透明度"设置为"0"，如图5-60所示。

图5-60　设置挖空为浅

　　可以看到，"图层1"中的红色圆所占据的区域打了一个"孔"，并深入到"图层4"上方，从而使"图层4"的灰色显示出来。由于填充不透明度被设置为0，因此图层1的颜色完全没有保留。如果将填充不透明度设置为大于0的值，则会有略微不同的效果。如果再将"挖空"方式设置为"深"，将得到另一种效果，如图5-61所示。

图5-61　设置挖空为深

　　现在红色圆占据的部分"击穿"了图层4，深入到了背景层的上方，从而使背景的黑色显示出来。

　　如图5-62所示就是挖空的简单应用。

图5-62　击穿按钮

　　（4）"将内部效果混合成组"和"将剪贴图层混合成组"

01 创建一个任意大小的文件，分别在"图层1"和"图层2"绘制两个圆，如图5-63所示。

图5-63　绘制图形

02 按住Alt键在"图层2"和"图层1"之间单击,创建"剪贴蒙版",如图5-64所示。

图5-64　创建"剪贴蒙版"

03 在默认状态下,给两个图层分别添加效果。可以看到,由于"剪贴蒙版"的缘故,"图层2"被"图层1"的"渐变叠加"样式覆盖,如图5-65所示。

图5-65　添加"剪切蒙版"后

　　默认情况下,"图层1"的样式都是叠加在被其剪贴的图层之上的,如果使用了不透明的效果就会把上面的层覆盖。

04 将"图层1"的高级混合选项从默认改为如图5-66所示的参数设置,"图层2"就不会被"渐变叠加"覆盖。

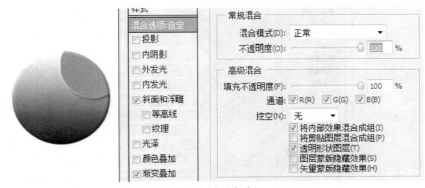

图5-66　设置高级混合选项

05 勾选"将内部效果混合成组"复选框后，不再影响上方被剪贴层的图层样式是内发光、光泽、颜色叠加、渐变叠加、图案叠加，依旧影响上方图层的是内阴影、斜面和浮雕、描边，如图5-67所示。

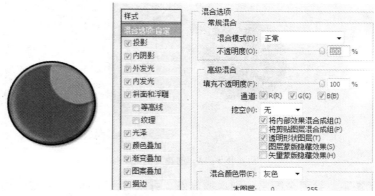

图5-67　选择将内部效果混合成组

也就是说，"将内部效果混合成组"相当于把内发光、光泽、颜色叠加、渐变叠加、图案叠加这几种样式合并到图层本身中，从而使这几种样式受到"填充不透明度"和"图层混合模式"的影响，并且不再遮挡上方被剪切层。根据这个现象，可以通过"将内部效果混合成组"来控制"剪贴蒙版"的一些效果，将剪贴图层混合成组，选中这个选项可以将构成一个剪切组的层中最下面的那个层的混合模式样式应用于组中的所有层。如果不勾选"将内部效果混合成组"复选框，组中所有层都将使用自己的混合模式。

（5）样式

在"图层样式"对话框中的第一项是"样式"，在"样式"上单击，Photoshop自带的默认图层样式被排列在样式框中，单击任意一款样式，这款样式就会被作用到图层上，如图5-68所示。

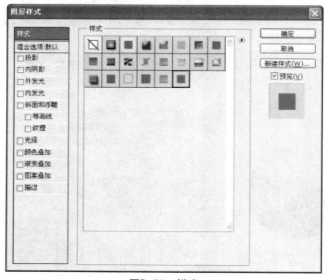

图5-68　样式

单击样式框右上侧的小三角，在下拉菜单中可以选择更多的样式库，选择一款样式库，如图5-69所示。之后会弹出一个"图层样式"对话框，单击"确定"按钮则用选择的样式库替换当前的样式库，单击"追加"按钮则在当前的样式库上添加选择的样式库，如图5-70所示。

图5-69　添加"图层样式"菜单

Photoshop的样式库非常丰富，但是用户在里面并不一定能找到自己想要的效果，于是Photoshop提供了样式的编辑功能，用户可以通过这些选项设置出自己想要的样式。在"样式"下面的选项栏中还分别列出了两类可以编辑的样式：一类为"混合选项：默认"；另一类为"效果样式"，包括"投影"、"内阴影"、"外发光"等，这些选项大家可以自行练习。

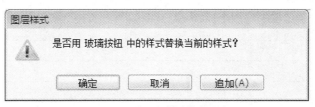

图5-70　"图层样式"提示框

独立实践任务

任务 4 网页按钮设计展

任务背景

杨小浩同学正在为自己设计网站，网页的主色调、导航栏和图片幻灯片都已确定，她打算在网页中制作一个"网页按钮设计展"。

任务要求

设计一系列风格的按钮。

尺寸要求：自定。

分辨率：72像素/英寸。

颜色模式：RGB颜色。

【技术要领】图层样式的应用；文件名为英文名；保存文件。

【解决问题】设定文件尺寸；设定分辨率及色彩模式；网页风格统一。

【应用领域】个人网站；企业网站。

【素材来源】无。

任务分析

_____
_____
_____
_____
_____
_____
_____

主要制作步骤

_____
_____
_____
_____
_____
_____
_____
_____

职业技能知识点考核

1．填空题

（1）去色的快捷键是＿＿＿＿＿。

（2）在Photoshop图层样式中有3种挖空方式：＿＿＿＿＿＿，是用来设置当前层在下面的层上"打孔"并显示下面层内容的方式。

2．单项选择题

（1）使用"滤镜" > "渲染" > "云彩"命令后，继续加强的快捷键是＿＿＿＿＿＿。

A．Ctrl+Shift + F   B．Ctrl+Alt+E   C．Ctrl+Alt+D   D．Ctrl+Alt+F

（2）左边的图形使用"模糊" > "动感模糊"的结果应是图5-71中的＿＿＿＿＿的图形。

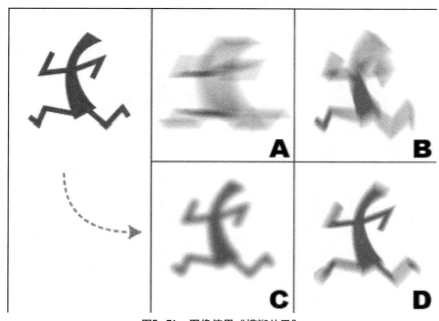

图5-71　图像使用"模糊效果"

3．多项选择题

使用图层样式制作的效果如下，至少要用到＿＿＿＿＿＿图层样式才可以实现图5-72中的效果。

A．投影

B．内阴影

C．内发光

D．外发光

E．斜面和浮雕

F．图案叠加

图5-72　图层样式

模块 06

特殊文字的设计与制作

网页设计中文字是不可缺少的组成部分，如何合理地将文字和网页框架、设计图等网页元素结合起来是网页图像设计中不可轻视的一个重要环节。良好的文字图像可以和整个网页相得益彰，使整个网站更具特色和吸引力，主题更加突出，效果更加完美。

能力目标
能用Photoshop制作特效字

知识目标
了解Photoshop的综合应用

课时安排
10课时（授课6课时，实践4课时）

模拟制作任务

任务 1 制作浮雕文字

任务背景

某学院为在网络上展示老师和学生的设计作品，要制作一个网站，暂时命名为"师生作品展示平台"。现在需要在该网站中展示特效字，如图6-1所示。

图6-1

任务要求

海报中的文字部分需要用特殊字体来体现。

重点、难点

用"图层样式"处理文字。

【技术要领】Photoshop综合应用能力。

【解决问题】设定文件尺寸；设定分辨率及色彩模式。

【应用领域】网站字体设计。

【素材来源】素材\模块06\任务1\金属.jpg。

任务分析

在制作网页按钮时，经常需要在按钮上添加文字。为了让文字更加醒目，往往要做一些特效来吸引浏览者。因此，特效字是网页按钮设计中不可缺少的元素。

操作步骤

制作底图

01 选择"文件">"打开"命令，打开素材\模块06\任务1\纹理.jpg"文件，将其拖曳至新建文档中，调整为合适大小，如图6-2所示。

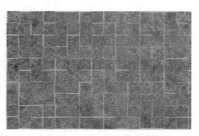

图6-2 打开后的文件

02 将前景色设置为"黑色",选择工具箱中的"横排文字工具",单击画面输入文字 "Chinese people",字体设为"文鼎贱狗体",字体大小任意,调整到合适位置,如图6-3 所示。

图6-3　文字输入

03 单击"图层"面板上的"创建新图层"按钮,新建"形状1"。选择工具箱中的"自定形状 工具",在其工具选项栏中单击"形状"图层按钮,选择如图6-4所示形状,在图像中绘制 形状,如图6-5所示。

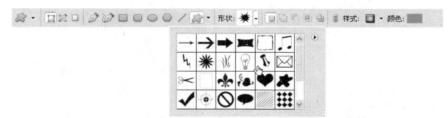

图6-4　"自定义形状工具"选项栏

图6-5　绘制好的图像

04 在"图层"面板上单击"背景"图层缩览图前的"指示图层可见性"按钮,将其隐藏,选择"形状1"图层。按Ctrl+Alt+Shift+E组合键盖印所有可见图层，得到"图层1"，显示"背景"图层。

05 在"图层"面板上将"图层1"的图层混合模式设置为"叠加"，图层填充值设置为"40%"，如图6-6所示。

图6-6 "图层"对话框

06 选择"图层1"，单击"图层"面板上的"添加图层样式"按钮，在弹出的下拉菜单中选择"内阴影"选项，弹出"图层样式"对话框，具体参数设置如图6-7所示。设置完毕后不关闭对话框，继续勾选"斜面和浮雕"复选框，具体设置如图6-8所示。

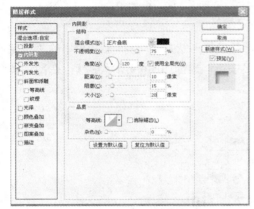

图6-7 "内阴影"参数   图6-8 "斜面和浮雕"参数

07 选择"背景"图层，选择"滤镜">"渲染">"光照效果"命令。弹出"光照效果"对话框，具体设置如图6-9所示，设置完毕后单击"确定"按钮，得到的图像效果如图6-10所示。

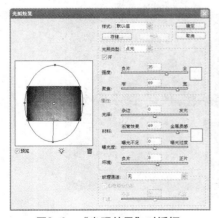

图6-9 "光照效果"对话框

图6-10 图像效果

任务 2 动感镂空文字的设计和制作

任务背景

某位同学平时喜欢玩游戏，对游戏作品中的设计效果比较感兴趣，并根据游戏效果设计了一款特效字，如图6-11所示。

图6-11

任务要求

海报中的文字部分需要用特殊字体来体现。

尺寸要求：800像素×500像素。

分辨率：72像素/英寸。

颜色模式：RGB颜色。

重点、难点

使用"拼贴"、"滤镜"和"光照效果"滤镜命令制作背景效果。

【技术要领】Photoshop综合应用能力。

【解决问题】设定文件尺寸；设定分辨率及色彩模式。

【应用领域】网站字体设计。

【素材来源】无。

任务分析

在制作网页按钮时，经常需要在按钮上添加文字。为了让文字更加醒目，往往要做一些特效来吸引浏览者。因此，特效字是网页按钮设计中不可缺少的元素。

操作步骤

创建文档

01 选择"文件">"新建"命令，弹出"新建"对话框，具体参数设置如图6-12所示，单击"确定"按钮新建文档。

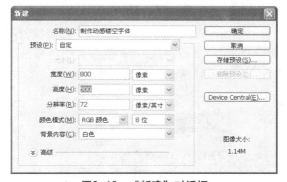

图6-12 "新建"对话框

制作底色

02 将前景色设置为"R229、G56、B86"，选择"背景"图层，按Alt+Delete组合键填充前景色，如图6-13所示。

图6-13　填充颜色

03 选择工具箱中的"横排文字工具"，在其工具选项栏中设置合适的字体及字号，颜色设置为"黑色"，在图像中输入文字，得到的图像效果如图6-14所示。

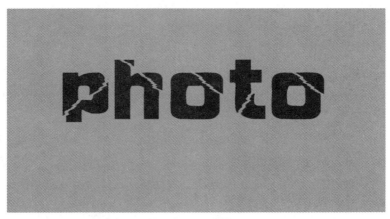

图6-14　文字排入

04 按住Ctrl键单击文字图层缩览图，调出其选区。单击文字图层缩览图的"指示图层可见性"按钮，将其隐藏。选择"选择">"修改">"扩展"命令，弹出"扩展选区"对话框，扩展量设置为"18"像素，如图6-15所示，设置完毕后单击"确定"按钮，效果如图6-16所示。

图6-15　"扩展选区"对话框

图6-16　扩展命令后的效果图

05 单击"图层"面板上的"创建新图层"按钮，新建"图层1"。将前景色设置为"白色"，按Alt+Delete组合键填充前景色，得到的图像效果如图6-17所示。

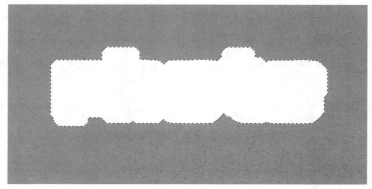

图6-17　填充选区内容

06 双击"文字"图层，打开"图层样式"对话框，勾选"投影"复选框，参数设置如图6-18所示，设置完毕后不关闭对话框，继续勾选"渐变叠加"复选框，渐变叠加的颜色设置依次为"R84、G84、B84"、"白色"、"R132、G132、B132"、"白色"，具体参数设置如图6-19所示。

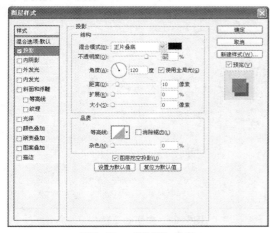

图6-18　"投影"参数

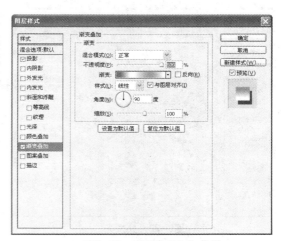

图6-19　"渐变叠加"参数

07 按住Ctrl键单击"图层1"，调出其选区。选择"选择">"修改">"收缩"命令，弹出"收缩选区"对话框，收缩量设置为"10"像素，如图6-20所示，设置完毕后单击"确定"按钮，选区效果如图6-21所示。

图6-20 "收缩选区"对话框

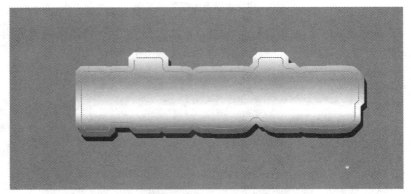

图6-21 收缩命令后的效果图

08 单击"图层"面板上的"创建新图层"按钮，新建"图层2"。将前景色设置为"白色"，按Alt+Delete组合键填充前景色。

09 双击"图层2"，打开"图层样式"对话框，勾选"外发光"、"斜面和浮雕"、"渐变叠加"复选框，渐变叠加的颜色设置依次为"R251、G185、B9"、"R255、G255、B187"、"R210、G140、B0"、"R255、G245、B150"、"R210、G140、B0"，参数设置分别如图6-22、图6-23、图6-24所示。

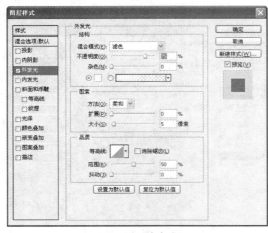

图6-22 外发光

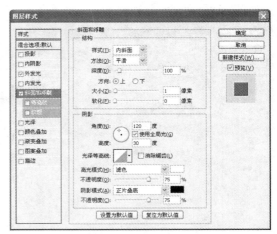

图6-23 斜面和浮雕

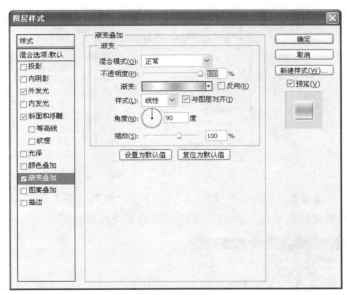

图6-24　渐变叠加

⑩ 按住Ctrl键单击文字图层缩览图，调出其选区，选区效果如图6-25所示。

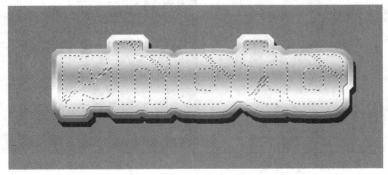

图6-25　文字效果图

⑪ 选择"图层2"，按Delete键删除选区内的图像。选择"图层1"，按Delete键删除选区内的
图像，按Ctrl+D组合键取消选区，得到的图像效果如图6-26所示。

图6-26　删除选区内图像

⑫ 将"背景"图层拖曳至"图层"面板中的"创建新图层"按钮上，得到"背景副本"图

层。选择"滤镜">"风格化">"拼贴"命令，弹出"拼贴"对话框，如图6-27所示。

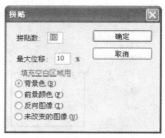

图6-27 "拼贴"对话框

13 选择"滤镜">"渲染">"光照效果"命令，弹出"光照效果"对话框，具体参数设置如图6-28所示，设置完毕后单击"确定"按钮得到的图像效果如图6-29所示。

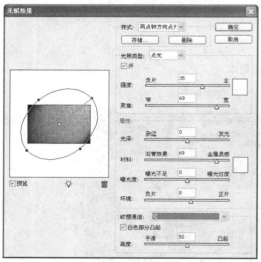

图6-28 "光照效果"对话框图

图6-29 图像效果图

任务 3 质感字体的设计和制作

任务背景

"师生作品展示平台"制作完成后，搜集师生的特效字设计作品，发现其中一幅作品为具有质感效果的字体，如图6-30所示。

图6-30

任务要求

制作质感特效字。

尺寸要求：1900像素×1200像素。

分辨率：72像素/英寸。

颜色模式：RGB颜色。

重点、难点

创建剪切蒙版。

【技术要领】Photoshop综合应用能力。

【解决问题】设定文件尺寸；设定分辨率及色彩模式。

【应用领域】网站字体设计。

【素材来源】无。

任务分析

在制作网页按钮时，经常需要在按钮上添加文字。为了让文字更加醒目，往往要做一些特效来吸引浏览者。因此，特效字是网页按钮设计中不可缺少的元素。

操作步骤

创建文档

01 选择"文件">"新建"命令，弹出"新建"对话框，如图6-31所示，单击"确定"按钮，新建文档。

图6-31 "新建"对话框

02 单击"图层"面板上的"创建新图层"按钮，新建"图层1"。双击"图层1"，打开"图层样式"对话框，勾选"渐变叠加"复选框，如图6-32所示。渐变叠加的颜色设置依次为"R8、G5、B52"、"R2、G1、B7"。设置完毕后单击"确定"按钮，如图6-33所示。

图6-32 渐变叠加

图6-33　填充颜色

03 选择工具箱的"横排文字工具"，在其工具选项栏中设置合适的字体及字号，字体颜色为
"R8、G5、B52"，如图6-34所示。在图像中输入文字，效果如图6-35所示。

图6-34　文字设置

图6-35效果

04 双击"文字"图层，打开"图层样式"对话框，勾选"投影"复选框，参数设置如图6-36
所示。

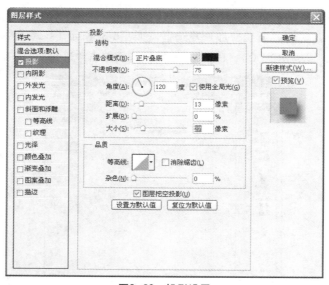

图6-36　投影设置

05 单击"图层"面板上的"创建新图层"按钮,新建"图层2"。选择工具箱中的"画笔工
具",在其工具选项栏中,设置合适的笔刷及大小,笔刷颜色为"R0、G115、B132",在
"图层2"进行涂抹。选择"图层">"创建剪切蒙版"命令,得到效果如图6-37所示。

图6-37 笔刷工具

06 单击"图层"面板上的"创建新图层"按钮,新建"图层3"。选择工具箱中的"钢笔工
具",绘制图形,单击"路径"面板上的"将路径作为选区载入"按钮◉,得到其选区,
将前景色设置为"#13A7C5",按Alt+Delete组合键填充前景色,按Ctrl+D组合键取消选
区,图像效果如图6-38所示。

图6-38 路径填充效果

07 双击"图层3"图层,打开"图层样式"对话框,勾选"外发光"复选框,渐变颜色为
"R0、G212、B255",参数设置如图6-39所示,设置完毕后不关闭对话框,继续勾选"内
发光"复选框,渐变颜色为"R0、G212、B255",具体参数设置如图6-40所示,设置完毕
后单击"确定"按钮,图像效果如图6-41所示。

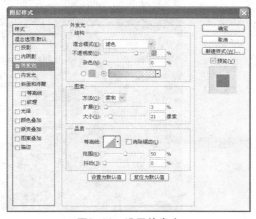

图6-39 设置外发光

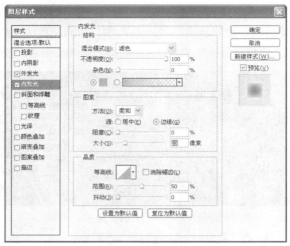

图6-40　设置内发光

图6-41　效果

08 选择"图层">"创建剪贴蒙版"命令，得到效果如图6-42所示。

图6-42　效果

09 将"图层3"拖曳到"创建新图层"按钮复制多个图层,调整每个复制图层的角度和大小,如图6-43所示。

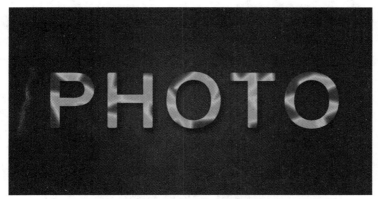

图 6-43　最终效果图

任务 4　浪漫粉色字体的设计和制作

任务背景

在"师生作品展示平台"中有一个特效字设计作品就是以浪漫为题材的,如图6-44所示。

图6-44

任务要求

制作剪纸特效字。

尺寸要求:600像素×200像素。

分辨率:72像素/英寸。

颜色模式:RGB颜色。

重点、难点

艺术画笔笔刷的设置。

【技术要领】Photoshop综合应用能力。

【解决问题】设定文件尺寸;设定分辨率及色彩模式。

【应用领域】网站字体设计。

【素材来源】无。

任务分析

浪漫的粉色字体设计会为按钮增色不少。

创建文档

01 选择"文件">"新建"命令，弹出"新建"对话框，具体参数设置如图6-45所示，单击
"确定"按钮，新建文档。

图6-45 "新建"对话框

02 单击"图层"面板上的"创建新图层"按钮，新建"图层1"，设置前景颜色为
"dddddd"，背景颜色为"6d6d6d"，选择工具箱中的"渐变工具"，在其工具选项栏
中，设置"前景色到背景的渐变"的渐变类型，单击"径向渐变"按钮，在图像中填充渐
变，如图6-46所示。

图6-46 径向渐变

03 选择工具箱中的"横排文字工具"，在画面中输入文字"like"，字体为"Brush Script
Std"，字体大小为"300点"，调整到合适位置，颜色设置为"#e085a5"，在图像中输入
文字，如图6-47所示。

图6-47 文字排入

04 双击"文字"图层，弹出"图层样式"对话框，勾选"投影"复选框，设置混合模式为
"正片叠底"，颜色为"#e085a5"，设置完毕后不关闭对话框，继续勾选"内发光"复选
框，设置混合模式为"叠加"，颜色为"#f2d4de"，继续勾选"斜面和浮雕"复选框，具
体参数设置如图6-48~图6-50所示，设置完毕后单击"确定"按钮，图像效果如图6-51所示。

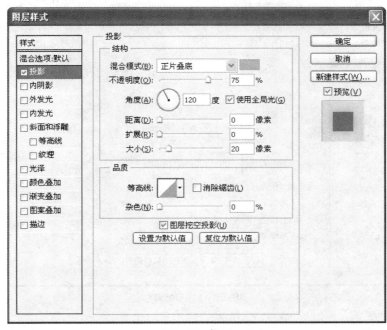

图6-48　投影

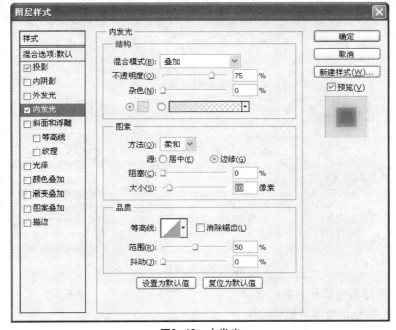

图6-49　内发光

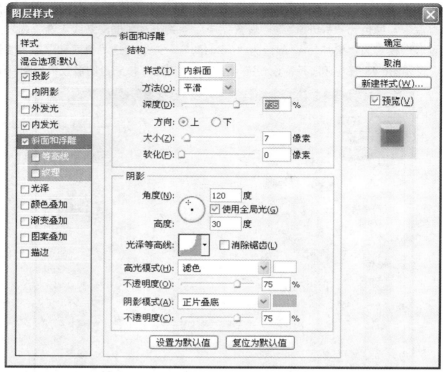

图6-50　斜面和浮雕

图6-51　效果图

05 在"文字"图层单击鼠标右键，选择"创建工作路径"命令，如图6-52所示。在"文字"图层单击鼠标右键，选择"栅格化文字"命令。如图6-53所示。

图6-52　创建工作路径图　　　　　　　6-53　　栅格化文字

06 选择工具箱中的"钢笔工具"，单击鼠标右键选择"描边路径">"画笔"命令，设置完毕后单击"确定"按钮。将文字图层的"混合模式"设置为"柔光"。

07 设置前景色为"e085a5"，选择工具箱中的"画笔工具"，单击"扩展停放"面板上的"切换画笔面板"按钮设置笔刷，如图6-54所示。

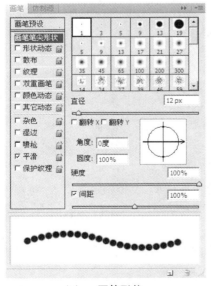

（a）　画笔形状　　　　　　　　　　（b）　形状动态

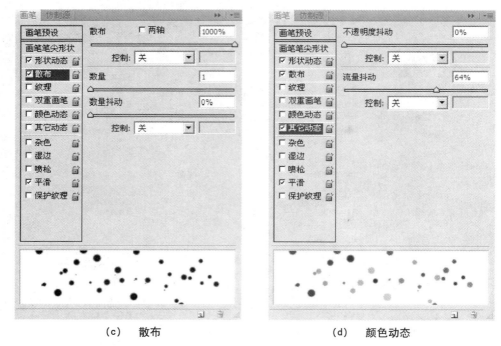

| （c） 散布 | （d） 颜色动态 |

图6-54 "画笔设置"对话框

08 新建"图层2"，选择工具箱中的"画笔工具"，在"图层2"进行涂抹，将"图层2"的
"混合模式"设置为"柔光"，效果如图6-55所示。

图6-55 画笔涂抹效果

09 复制"图层2"图层得到"图层2副本"，选择"滤镜">"模糊">"高斯模糊"命令，弹
出"高斯模糊"对话框，如图6-56所示，设置完毕后单击"确定"按钮，得到的图像效果
如图6-57所示。

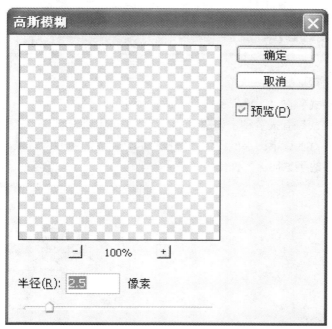

图6-56　高斯模糊

图6-57　最终效果图

① 图层的混合模式

"图层的混合模式"在"图层"窗口，如图6-58所示。

"图层的混合模式"有很多种，如图6-59所示。这里主要讲解几个在网页设计中常用的模式。混合模式主要是对上、下图层的图像色彩进行混合，以达到和谐效果，在设置混合模式的同时还可以调节图层的不透明度，使图像效果更加理想。

图6-58　混合模式

图6-59　混合模式选项

下面用两张图片制作混合效果，如图6-60所示。

（a）　图层1

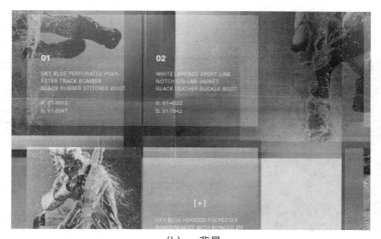

（b）　背景

图6-60　原始图片

（1）正常

上方的图层完全遮盖下方的图层，如图6-61所示。

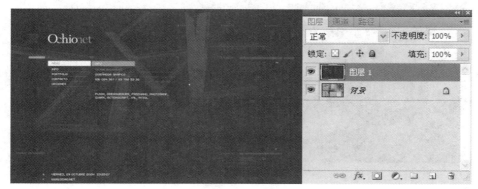

图6-61　正常

（2）溶解

创建像素点状效果，上方图层的透明度越低，像素点就越强烈。如图6-62所示，上方图层的不透明度为"80%"。

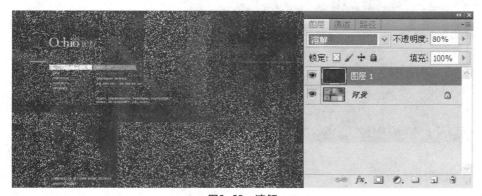

图6-62　溶解

（3）变暗

上方图层的图像呈暗色调，如图6-63所示。

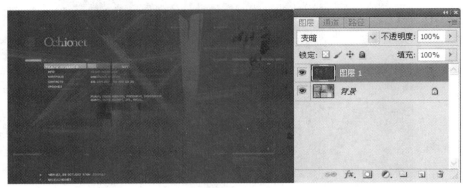

图6-63　变暗

（4）正片叠底

将显示上方图层与其下方图层的像素值中较暗的像素合成的效果，如图6-64所示。

图6-64　正片叠底

（5）颜色加深

创建非常暗的阴影效果，如图6-65所示。

图6-65　颜色加深

（6）线性加深

查看每一个颜色通道的颜色信息，加暗所有通道的基色，并通过提高其他颜色的亮度来反映混合颜色，此模式对白色无效，如图6-66所示。

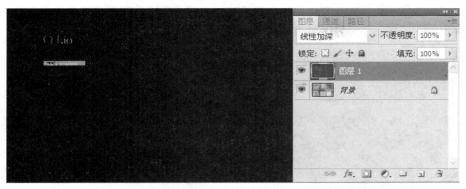

图6-66　线性加深

（7）深色

可以依据图像的饱和度，用当前图层中的颜色直接覆盖下方图层中的暗调区域颜色，如图6-67所示。

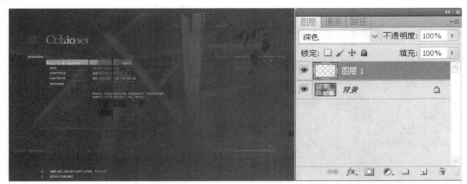

图6-67　深色

（8）变亮

以画笔中较亮像素代替下方图层中与之相对应的较暗像素，且下方图层中的较亮区域代替画笔中的较暗区域，因此叠加后整体图像呈亮色调，如图6-68所示。

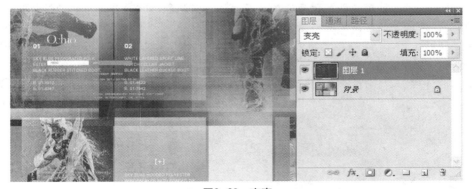

图6-68　变亮

（9）滤色

与"正片叠底"相反，在整体效果上显示由上方图层及下方图层的像素值中较亮的像素合成图像的效果，通常能够得到一种漂白图像中颜色的效果，如图6-69所示。

图6-69　滤色

（10）颜色减淡

可以生成非常亮的合成效果，其原理为上方图层的像素值与下方图层的像素值采取一定的算法相加，此模式通常用来创建光源中心点极亮的效果，如图6-70所示。

图6-70　颜色减淡

（11）线性减淡

查看每一个颜色通道的颜色信息，加亮所有通道的基色，并通过降低其他颜色的亮度来反映混合颜色（此模式对黑色无效），如图6-71所示。

图6-71　线性减淡

（12）浅色

可以依据图像的饱和度，用当前图层中的颜色直接覆盖下方图层中的高光区域颜色，如图6-72所示。

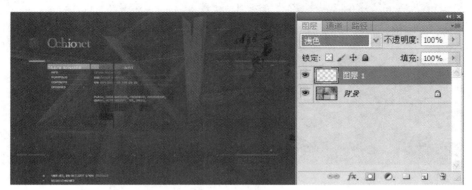

图6-72　浅色

（13）叠加

图像最终的效果取决于下方图层，但上方图层的明暗对比效果也直接影响整体效果，叠加后下方图层的亮度区域与阴影区予以保留，如图6-73所示。

图6-73　叠加

（14）柔光

使颜色变亮或变暗，具体取决于混合色。如果上方图案的像素比50%灰色亮，则图像变亮，反之图像变暗，如图6-74所示。

图6-74　柔光

（15）强光

叠加效果与柔光类似，但其加亮与变暗的程度较柔光模式大得多，如图6-75所示。

图6-75 强光

（16）亮光

如果混合色比50%灰色亮，则图像通过降低对比度来加亮图像；反之，通过提高对比度来使图像变暗，如图6-76所示。

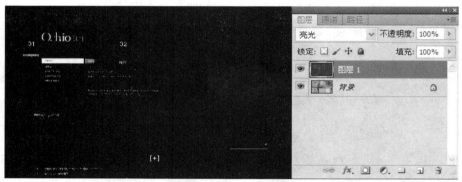

图6-76 亮光

（17）线性光

如果混合色比50%灰色亮，则图像通过提高对比度来加亮图像；反之，通过降低对比度来使图像变暗，如图6-77所示。

图6-77 线性光

（18）点光

通过置换颜色像素来混合图像，如果混合色比50%灰色亮，则比原图像暗的像素会被置换，而比原图像亮的像素无变化；反之，比原图像亮的像素会被置换，而比原图像暗的像素无变化，如图6-78所示。

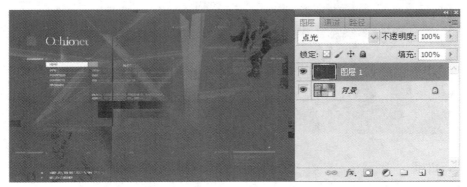

图6-78　点光

（19）实色混合

两个图层叠加的效果具有很强的硬性边缘，如图6-79所示。

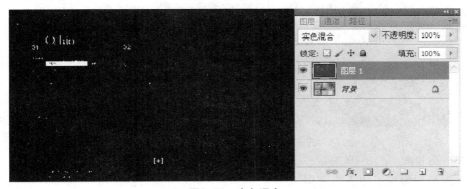

图6-79　实色混合

（20）差值

可从上方图层中减去与下方图层中相应处像素的颜色值。此模式通常使图像变暗并取得反相效果，如图6-80所示。

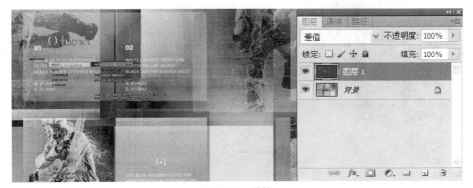

图6-80　差值

（21）排除

可创建一种与差值模式相似但对比度较低的效果，如图6-81所示。

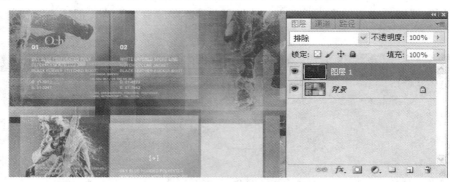

图6-81　排除

（22）色相

最终图像的像素值由下方图层的亮度、饱和度值及上方图层的色相值构成，如图6-82所示。

图6-82　色相

（23）饱和度

最终图像的像素值由下方图层的亮度、色相值及上方图层的色相和饱和度值构成，如图6-83所示。

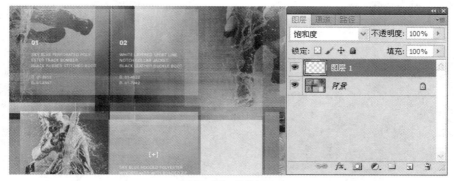

图6-83　饱和度

（24）颜色

最终图像的像素值由下方图层的亮度及上方图层的色相、饱和度构成，如图6-84所示。

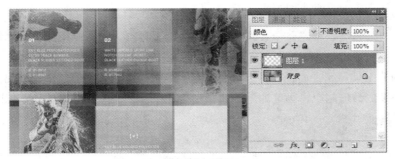

图6-84　颜色

（25）明度

最终图像的像素值由下方图层的色相、饱和度值及上方图层的亮度构成，如图6-85所示。

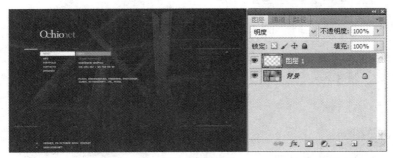

图6-85　明度

❷ 画笔工具

"画笔工具"中有各种不同的笔刷样式，能绘制不同的颜色、不同的形状，甚至可以调节笔刷的软硬、虚实，是网页设计中不可缺少的辅助工具，如图6-86所示。

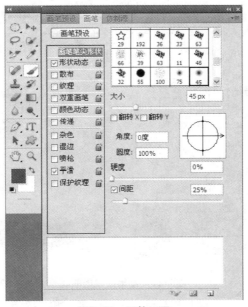

图6-86　画笔工具

（1）基本使用方法

①按Ctrl+N组合键，新建一个文件，选择"画笔工具"，设置画笔颜色（画笔默认颜色为前景色）。

②在"画笔工具"属性面板，可以调整主直径数值的大小。数值越小，画出的笔触越细；反之越粗。硬度的数值越小，画笔的笔触边缘越柔化；反之，笔触边缘越硬，如图6-87所示。

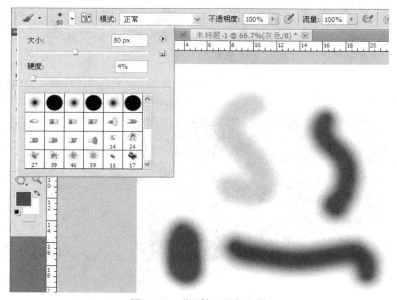

图6-87　"画笔工具"属性

③选择"画笔工具"属性面板中的"画笔预设"选取器，可以选取任意大小的形状画笔，如图6-88所示。

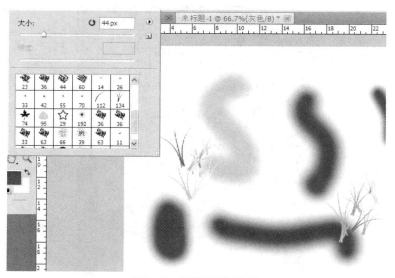

图6-88　画笔预设选取器

④设置"画笔工具"属性面板中的画笔"不透明度"和"流量"。不透明度数值越小，画出的笔触越透明，反之越不透明；流量数值越小，画得越快，反之越慢，如图6-89所示。

图6-89　不透明度和流量

⑤设置"画笔工具"的模式为"喷枪模式"，如图6-90所示。

图6-90　喷枪模式

⑥在喷枪模式下，在画布上按住鼠标左键不放，所绘制的颜色会越来越深；画笔工具则不能，无论按住鼠标多久颜色都不会加深，如图6-91所示。

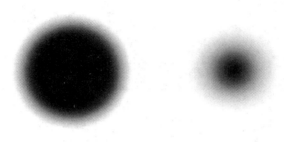

喷枪模式　　　　　　　　　画笔模式

图6-91　模式对比

（2）自定义画笔

打开自定义画笔的方法有以下两种。

①选择"编辑"＞"定义画笔预设"命令，如图6-92所示。

②选择工具箱中的"画笔工具"，单击"属性"面板中的"画笔预设"选取器，单击右上角的三角按钮，选择"存储画笔"命令，如图6-93所示。

选择工具箱中的"矩形选框工具"，在定义的图案上绘制一个矩形，选择"编辑"＞"定义画笔预设"命令，在弹出的"画笔名称"对话框中输入画笔名称，如图6-94所示，设置完成后单击"确定"按钮。

图6-92　定义画笔预设菜单图

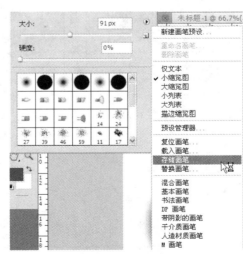

6-93　存储画笔菜单

图6-94　"画笔名称"对话框

选择工具箱中的"画笔工具"，在操作时就可以找到新画笔了，如图6-95所示。

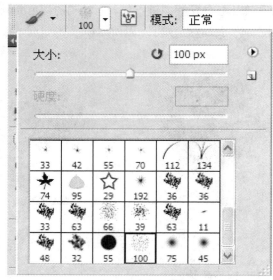

图6-95　新画笔

（3）画笔插件

①选择"编辑">"预设管理器"命令，在弹出的"预设管理器"对话框中设置"预设类型"为"画笔"，如图6-96所示。

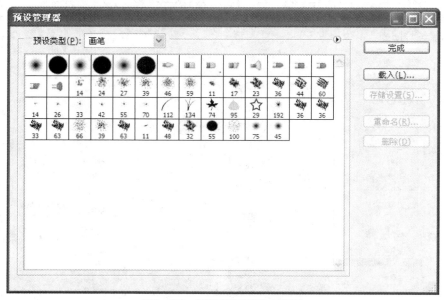

图6-96　"预设管理器"对话框

②单击"预设管理器"对话框中的"载入"按钮,打开"载入"对话框,找到新画笔,如图6-97所示。

图6-97 "载入"对话框

③画笔文件的类型是".abr"格式,Photoshop能兼容很多笔刷插件,网上有很多精美的画笔笔刷,下载完成后即可用这种方法插入画笔。

独立实践任务

任务 5 特效字体设计展

任务背景

杨小浩同学正在为自己设计网站，网页的主色调、导航栏和图片幻灯片都已确定，下面要在网页链接页中制作一个"特效字设计展"。

任务要求

"特效字设计展"要突出特效字的特点，效果突出，符合网页主体风格。

尺寸要求：自定。

分辨率：72像素/英寸。

颜色模式：RGB颜色。

【技术要领】图层样式、特殊笔刷、蒙版的应用；文件名为英文名；保存文件。

【解决问题】设定文件尺寸；设定分辨率及色彩模式。

【应用领域】个人网站；企业网站。

【素材来源】无。

任务分析

主要制作步骤

职业技能知识点考核

1．填空题

（1）Photoshop中"图像"＞"调整"＞"黑白"命令的快捷键是_____。

（2）在Photoshop混合模式选项中，_____模式将查看每一个颜色通道的颜色信息，加暗所有通道的基色，并通过提高其他颜色的亮度来反映混合颜色，此模式对白色无效。

2．单项选择题

（1）在图6-98中，"A"到"B"采用了_____滤镜生成的油画效果。

图6-98　油画效果

A．纹理＞纹理化（粗麻布）　　　　　　　B．纹理＞颗粒

C．纹理＞龟裂缝　　　　　　　　　　　　D．纹理＞纹理化（砂岩）

（2）若将当前使用的钢笔工具切换为选择工具，须按住_____键。

A．Shift　　　　　　　　　　　　　　　　B．Alt

C．Ctrl　　　　　　　　　　　　　　　　D．Caps Lock

（3）下面对模糊工具功能的描述_____是正确的。

A．模糊工具只能使图像的一部分边缘模糊

B．模糊工具的强度是不能调整的

C．模糊工具可降低相邻像素的对比度

D．如果在有图层的图像上使用模糊工具，只有所选中的图层才会起变化

（4）在Photoshop中，当选择渐变工具时，在工具选项栏中提供了5种渐变的方式。下面4种渐变方式中，_____不属于渐变工具中提供的渐变方式。

A．线性渐变   B．角度渐变

C．径向渐变   D．模糊渐变

Adobe Photoshop CS5

模块 07

网页的设计和制作

网页中的元素很多，如Banner条、文本框、文字、版权、Logo、广告等。在设计网页时，尽量把这些相对独立的元素用图层组管理，便于以后再编辑，如图7-1所示。

图7-1　图层组

能力目标

能用Photoshop制作网页框架

知识目标

1. 参考线的应用
2. 图层组[01注]的应用

学时分配

6课时（授课4课时，实践2课时）

注：[01]与知识点拓展中01相互对应，全书均采用了此方法。

模拟制作任务

任务 1　引导页的设计和制作

任务背景

通过之前学习的Photoshop技巧为"师生作品展示平台"设计引导页，最终效果如图7-2所示。

图7-2　引导页

任务要求

根据提供的画面进行创作；设计中不要出现明显的锯齿或者失真的图像；一定要进行主要细节的处理。

尺寸要求：1002像素×600像素。

分辨率：72像素/英寸。

颜色模式：RGB颜色。

重点、难点

1．参考线规划网页分布。

2．图像合成。

3．用"色彩范围"命令调出图像选区。

【技术要领】Photoshop综合应用能力。

【解决问题】设定文件尺寸；设定分辨率及色彩模式。

【应用领域】企业网站设计。

【素材来源】素材\模块07\任务1\logo.jpg、创意图片.jpg。

任务分析

网页设计中即使不出现特效与高难度的复杂元素，也能制作出较好的效果。因此，所有的效果都要考虑到整体，不能一个位置特别显眼，其他地方暗淡无光；也不能所有的地方都在跳跃，因为这样都不会有重点。

操作步骤

创建文档

01 按Ctrl+N组合键打开"新建"对话框，设置分辨率为"72像素/英寸"、颜色模式为"RGB颜色"，这两项是网页的固定设置，参数设置如图7-3所示，最后单击"确定"按钮。

图7-3 "新建"对话框

创建参考线

02 按Ctrl+R 组合键显示标尺，用辅助线大致规划出网页的分布。首页的信息量不多，视觉中心要放在Logo文字上，所以要为其分配较大的空间，如图7-4所示。

图7-4 规划布局

引导页整体设计

03 由于是以创意图片为主的网页，图片本身已经拥有丰富的色彩，因此引导页的主色调要选择一款中性的、暗淡的颜色，设置前景色色值为"e2e4e1"，按Alt+Delete组合键为背景色填充颜色，效果如图7-5所示。

图7-5 填充颜色

04 精彩的创意图片是网页的灵魂，尤其是设计类网页。选择"文件">"打开"命令，打开

"素材\模块07\任务1\创意图片.jpg"，将图像放置到规划好的布局中，如图7-6所示。图片放置时不一定是合适的尺寸，裁切图片的时候最好添加蒙版，以便于多次修改。

图7-6　调入图片

05 选择"文件">"打开"命令，打开"素材\模块07\任务1\logo.jpg"，如图7-7所示。

图7-7　Logo

06 图片调入网页后要更改颜色，所以需要先创建文字的选区。选择"选择">"色彩范围"命令，打开"色彩范围"对话框，参数设置如图7-8所示，单击"确定"按钮。

图7-8　"色彩范围"对话框

07 将Logo图片选区内的文字移到网页画布中，单击文字图层的锁定透明像素按钮，设置前景色色值为"58142d"，按Alt+Delete组合键为文字填充颜色，如图7-9所示。

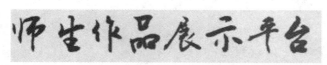

图7-9　锁定文字图层并填充颜色

08 设置前景色为"黑色"，选择工具箱中的"横排文字工具"，单击画面，输入文字"北京北大方正软件技术学院"，设置字体为"方正中等线简体"、大小为"13点"、字间距为"200"，调整到合适位置，如图7-10所示。

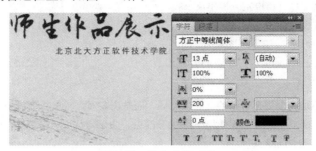

图7-10 输入文字（1）

09 继续输入文字"网络传播与电子出版专业"，其他设置不变，字体改为"方正大黑简体"，调整到合适位置，如图7-11所示。

图7-11 输入文字（2）

10 基本位置已经确定，按Ctrl+；组合键隐藏参考线，调整位置后最终效果如图7-2所示。

任务 2 首页的设计和制作案例一

任务背景

前面已为"师生作品展示平台"设计了引导页，下面为该"平台"设计首页，效果如图7-12所示。

图7-12 首页

任务要求

根据提供的画面进行创作；设计中不要出现明显的锯齿或者失真的图像；一定要进行主要细节的处理。

尺寸要求：1002像素×992像素。

分辨率：72像素/英寸。

颜色模式：RGB颜色。

重点、难点

1. "图层组"的使用。

2. 版式规划。

【技术要领】Photoshop综合应用能力。

【解决问题】设定文件尺寸；设定分辨率及色彩模式。

【应用领域】网站首页设计。

【素材来源】素材\模块07\任务2\图片。

任务分析

网站的首页设计并不是完全根据自己的喜好去完成，而是需要对需求进行分析后再设计布局，因为首页的信息量比较多，所以不要大面积使用Logo的标准色。为了与首页风格统一，颜色不要过于绚丽，偏黑、灰色即可，可适当点缀一些亮色。

操作步骤

创建文档

01 按Ctrl+N组合键打开"新建"对话框，参数设置如图7-13所示，单击"确定"按钮。

图7-13 "新建"对话框

创建参考线

02 按Ctrl+R组合键显示标尺，用辅助线大致规划出网页的分布，由于内页的信息量很多，所以一定要详细规划出网页的布局，如图7-14所示。

图7-14 规划布局

首页整体设计

03 选择工具箱中的"矩形选框工具",在画布顶端的参考线中绘制一个矩形,设置前景色为"黑色",在"图层"面板中单击"创建新图层"按钮,新建"图层1",按Alt+Delete组合键填充颜色,如图7-15所示。

图7-15 填充颜色

04 在"图层"面板中单击"创建新图层"按钮,新建"图层2",设置前景色色值为"f61a58",选择"工具箱"中的"画笔工具",绘制出喷溅效果,如图7-16所示。随意的喷溅犹如画笔甩出来的任意墨点,符合网站的风格。

图7-16 绘制墨点

05 选择"文件">"打开"命令,打开"素材\模块07\任务2\logo.jpg"文件,选择"选择">"色彩范围"命令调出其选区,将其移至内页画布中,文字缩放至合适大小,如图7-17所示。

图7-17 调入文字

06 选择工具箱中的"横排文字工具",单击画面,输入文字"北京北大方正软件技术学院网络传播与电子出版专业","北京北大方正软件技术学院"字体为"方正中等线简体";"网络传播与电子出版专业"字体为"方正大黑简体",大小为"13点",字间距为"200",调整到合适位置,如图7-18所示。

图7-18 输入文字(1)

07 下面为内页制作一个横向导航栏,如图7-19所示。值得注意的是,制作每一项时都要按照参考线的标准完成,养成一个良好的习惯是设计师必备的成功条件之一。

图7-19　制作导航栏

08 在"图层"面板中单击"创建新图层"按钮，新建"图层5"，选择工具箱中的"单列选择工具"，在"图层5"中单击，创建一个分隔符选区，按D键默认前景色为"黑色"，按Alt+Delete组合键给选区内填充颜色，设定其不透明度为"20%"，按Ctrl+D组合键取消选区，将分隔符修改为合适长度，如图7-20所示。

图7-20　制作分隔符

09 选择工具箱中的"移动工具"，按住Alt键，拖曳"图层5"中的分隔符，复制6个，将其调整至合适位置，如图7-21所示。

图7-21　调整分隔符的位置

10 在"图层"面板中单击"创建新图层"按钮，新建"图层6"，选择工具箱中的"多边形工具"，设置为"路径"模式，边数为"3"，按住Shift键绘制一个三角形路径，在"路径"面板中单击"将路径作为选区载入"按钮将路径变为选区，设置前景色色值为"ffb308"，按Alt+Delete组合键在选区内填充颜色，效果如图7-22所示。

图7-22　绘制三角图形并填充颜色

11 选择工具箱中的"移动工具"，按住Alt键，拖曳"图层6"中的三角形，复制7个，将其调整至合适位置，在三角形后面加上相应的文字。文字字体使用"方正中等线简体"，字号设置为"10点"。横向导航栏制作完成，如图7-23所示。

图7-23　横向导航栏

12 为了方便以后再编辑，需要为横向导航栏部分建立一个图层组。单击"图层"面板下方的"创建新组"按钮，在图层的最上方创建一个图层组，如图7-24所示。

图7-24 创建新组

13 按住Shift键选中背景层外的所有图层，将选中的图层拖曳到图层组中，双击图层组文字部分，将其改名为"横向导航栏"，如图7-25所示。

14 在"模块04"中制作过竖向导航栏、GIF导航栏和图片幻灯片，利用前面的制作方法将这几种导航栏制作好后导入内页画布中的合适位置，并独立建立新组，如图7-26所示。

图7-25 横向导航栏组

图7-26 左侧导航栏

15 下面设计内页右侧的部分。内页的右侧是每一个子页面的展示区域，通过展示来吸引读者点击进入链接，因此需要大量的创意图片。在"图层"面板中单击"创建新图层"按钮，新建图层，选择工具箱中的"矩形选框工具"，在"横向导航栏"下绘制一个长条选区，设置前景色色值为"777b6a"，按Alt+Delete组合键为选区填充颜色，如图7-27所示。

图7-27 绘制选区

16 选择工具箱中的"横排文字工具"，单击画面，输入文字"课程展示"，设置字体为"方正中等线简体"、大小为"12点"、字间距为"200"，调整到合适位置，如图7-28所示。

图7-28　输入文字（2）

17 选择"文件"＞"打开"命令，打开"素材\模块07\ 任务2\ 图片"中的"01.jpg"～"20.jpg"文件，将其修改后放至合适位置，如图7-29所示。

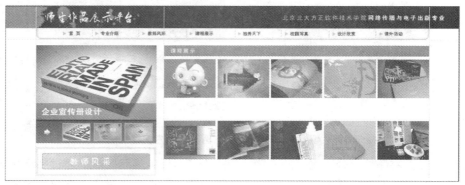

图7-29　调整图片

18 选择工具箱中的"横排文字工具"，在图片下方加上相应的文字。文字字体使用"方正中等线简体"，设置字号为"10点"、字间距为"14点"，如图7-30所示。

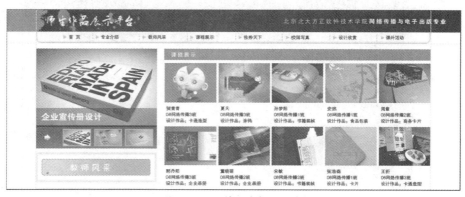

图7-30　图片下方加入文字

19 在文字下方新建一个图层，选择工具箱中的"矩形选框工具"，在图片和文字区域绘制一
个矩形选区，设置前景色色值为"efefef"，按Alt+Delete 组合键为选区填充颜色，新建一
个图层组命名为"课程展示"，将图片和文字放入图层组中，如图7-31所示。

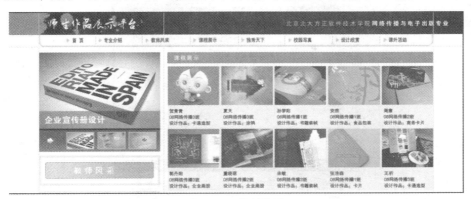

图7-31　绘制选区

20 在"图层"面板中单击"创建新图层"按钮，新建图层，选择工具箱中的"矩形选框工
具"，在横向导航栏下绘制一个长条选区，设置前景色色值为"777b6a"，按Alt+Delete 组
合键为选区填充颜色，选择工具箱中的"横排文字工具"，输入文字"实训室"，设置字
体为"方正中等线简体"、大小为"12 点"、字间距为"200"，将其调整到合适位置，
如图7-32 所示。

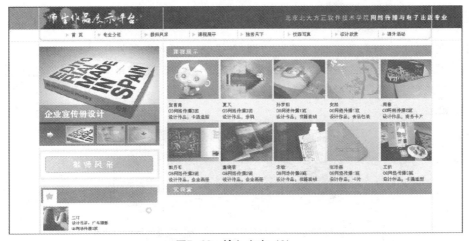

图7-32　输入文字（3）

21 在"模块06"中学习过特效字的制作，现在用学习过的技巧把特效字导入内页"实训室"
展示区域，制作一个"特效字展"的画面。建立一个图层组，命名为"特效字展"，把所
有关于特效字的图层放入图层组中，如图7-33所示。

22 在"特效字展"图层组下方新建一个图层，选择工具箱中的"矩形选框工具"，在图片和
文字区域绘制一个矩形选区，设置前景色色值为"efefef"，按Alt+Delete组合键为选区填
充颜色，如图7-34所示。

图7-33　特效字展示

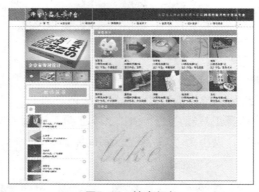

图7-34　填充颜色

23 选择"文件">"打开"命令，打开"素材\模块07\任务2\图片"中的"11.jpg"～"13.jpg"文件，将其修改后放至合适位置。选择工具箱中的"横排文字工具"，在图片下方加上相应的文字。设置文字字体为"方正中等线简体"、字号为"10点"、字间距为"14点"，如图7-35所示。

图7-35　输入文字（4）

24 在"图层"面板中，单击"创建新图层"按钮新建图层，选择工具箱中的"矩形选框工具"，在"横向导航栏"下绘制一个长条选区，设置前景色色值为"777b6a"，利用快捷键Alt+Delete给选区填充颜色。选择工具箱中的"横排文字工具"，单击画面输入文字"设计欣赏"，设置字体为"方正中等线简体"，大小为"12点"，字间距为"200"，然后调整到合适位置，如图7-36所示。

图7-36 输入文字（5）

25 在"素材\模块07\任务2\图片"中找一些设计图片，在"设计欣赏"板块中排好版式，最后进行整体调整，内页的最终效果完成，如图7-37所示。

图7-37 完成效果

26 利用同样的方法可以制作网页的二级页面，如图7-38所示。

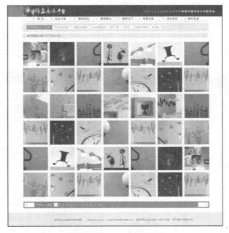

图7-38 二级页面

任务 3 首页的设计和制作案例二

任务背景

为提高工作业绩，加大宣传力度，某公司决定设计一个商业网站，首页效果如图7-39所示。

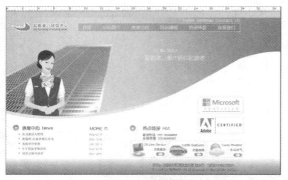

图7-39 首页

任务要求

在设计效果图时需要注意，由于网页是需要用浏览器打开显示的，则需要考虑浏览器的菜单、工具栏、滚动条等窗口元素所占据的空间，不考虑插件的问题。

尺寸要求：1000像素×590像素。

分辨率：72像素/英寸。

颜色模式：RGB颜色。

重点、难点

1．版式编排。

2．"图层组"的合并与使用。

3．如何便于切片处理。

【技术要领】Photoshop综合应用能力。

【解决问题】选区的载入；曲线区域造型的设计。

【应用领域】网站首页设计。

【素材来源】素材\模块07\任务3\01．png、02．png、03．png、04．png、
05.png、06.jpg、07.jpg、logo.psd。

任务分析

主页效果图是网页设计的重点，要综合考虑设计的技术要求、设计的艺术创意与设计实现的方法。

操作步骤

创建文档

01 启动Photoshop CS5 软件，按Ctrl+N组合键打开"新建"对话框，设定尺寸、分辨率、颜色模式，如图7-40所示，单击"确定"按钮。

图7-40 设置"新建"对话框参数

创建参考线

02 按Ctrl+R组合键显示标尺，用辅助线规划出网页的分布，如图7-41所示。

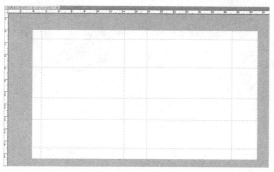

图7-41　网页的分布

首页整体设计

03 在"图层"面板中单击"创建新图层"按钮，新建"网页背景"图层，选择工具箱中的"矩形选框工具"，框选选区，如图7-42所示。

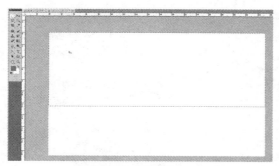

图7-42　矩形选区

04 选择工具箱中的"渐变工具"，设定渐变属性为"线性渐变"，单击"可编辑渐变"按钮，进入渐变编辑器，如图7-43所示。从左向右颜色依次为：左侧"R149、G213、B242"、40%位置处"R178、G226、B249"、右侧"R26、G95、B168"；按住Shift键，从左向右拖曳鼠标，为选区填充渐变颜色，填充效果如图7-44所示。

图7-43　"渐变编辑器"对话框

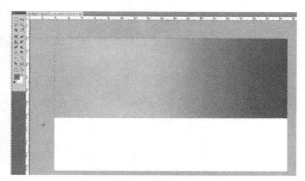

图7-44　填充渐变色后的文档

05 选择工具箱中的"钢笔工具"创建路径，在"路径"面板中单击鼠标右键，选择创建矢量蒙版。单击图层空白处或选择其他工具，蒙版效果如图7-45所示。

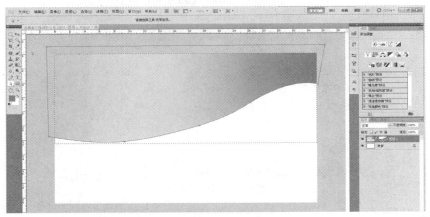

图7-45 创建矢量蒙版

06 打开"LOGO"文件，将其拖曳到领跑者效果图中，使用快捷键Ctrl+T对图形进行自由变形，按住Shift键等比例缩放，如图7-46所示。

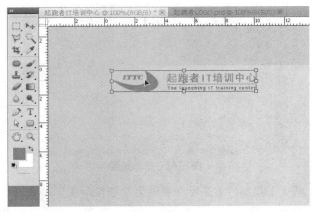

图7-46 调整好的文件

07 单击"图层"面板下面的"添加图层样式"按钮，在弹出的图层样式对话框中选择"描边"选项，设定描边颜色为"白色"，大小为"2"像素，依次设定相应图层的描边效果，如图7-47所示。

图7-47 设置描边后的效果

08 在"图层"面板中单击"创建新图层"按钮,新建"导航"图层,选择工具箱的"圆角矩形工具",设置圆角半径为"3px",工作方式为"路径",在网站名称右侧创建一个圆角矩形,如图7-48所示。

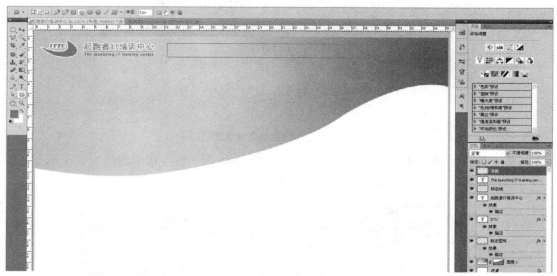

图7-48 绘制好的圆角矩形

09 按Ctrl+Enter组合键创建选区,设置前景色为"R240、G240、B240",选择"编辑">"描边"命令,设定参数如图7-49所示,单击"确定"按钮对选区进行描边,按Ctrl+D组合键取消选区,效果如图7-50所示。

图7-49 "描边"对话框

图7-50 "描边"效果

10 选择工具箱中的"渐变工具",设定渐变类型为"线性渐变",设定渐变颜色带为左侧"R132、G182、B224"、右侧"R43、G110、B177",从选区左下角向右上角拖曳鼠标,填充蓝色的渐变,按Ctrl+D可以取消当前区域的选择,效果如图7-51所示。

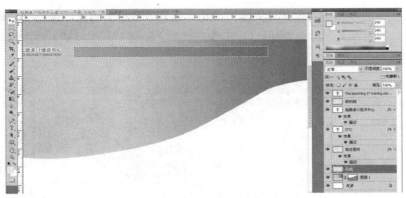

图7-51　为选区填充渐变颜色

11 选择工具箱中的"横排文字工具"，设置文字字体为"汉仪细中圆简"，大小为"16点"，颜色为"白色"，输入导航文字，如图7-52所示。

图7-52　设置文字后的文档

12 选择 "文件" > "打开"命令，打开配套光盘中"素材\模块07\任务3\大楼.jpg"文件，使用"多边形套索工具"沿大楼轮廓依次单击鼠标左键创建路径。

13 选择大楼的主体，选择"编辑" > "复制"命令，选择"网页背景"图层，单击"创建新图层"按钮，创建"大楼"图层，选择"编辑" > "粘贴"命令，如图7-53所示。

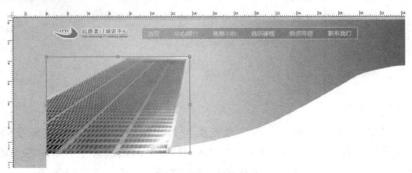

图7-53　导入图像

14 按Ctrl+T组合键对大楼进行自由变形，按住Shift键等比例缩放图像，然后按Enter键确认变形操作，选择工具箱中的"选择工具"，将图像移动到适合的位置并调整大楼的位置。

15 选择"路径"面板，按住Ctrl键单击路径面板中的路径缩略图，生成一个选区如图7-54所示。

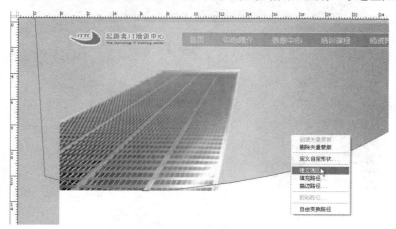

图7-54　生成选区的文档

16 选择"大楼"图层，单击图层面板底部的"添加图层蒙版"按钮，效果如图7-55所示。

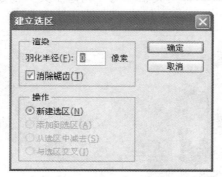

图7-55　"建立选区"对话框

17 同样方法，在大楼图层上新建"人物"图层，导入人物素材，设置图层蒙版。导入人物素材后，如图7-56所示。

图7-56　导入图像

18 选择工具箱中的"横排文字工具"，输入文字"TO BE NO.1"和"起跑者，做IT培训起跑者"，设置文字字体为"Lucida Fax"，颜色为"白色"并倾斜，按Ctrl+T键对文字进行进一步变形，如图7-57所示。

图7-57 设置文字后的文档

⒆ 新建"曲线背景"图层，选择工具箱中的"钢笔工具"创建路径，如图7-58所示；按 Ctrl+Enter键建立选区。

图7-58 创建路径的文档

⒇ 设置前景色为灰色"R228、G228、B228"，按Alt+Delete组合键为选区填充前景色，按 Ctrl+D组合键取消选区，可以使用Ctrl+[组合键将曲线图层调节到网页背景图层的下面，如 图7-59所示。

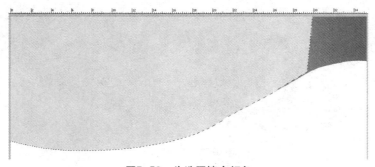

图7-59 为选区填充颜色

㉑ 选择背景图层，在背景图层上创建"底部背景"图层，使用矩形选择工具，拖至整个画面 的矩形部分，如图7-60所示。

图7-60　绘制好的矩形选区

22 选择工具箱中的"渐变工具"，设置颜色从左至右依次为"R229、G246、B254"、"R87、G195、B241"（位置为39%）、"R32、G112、B172"，不透明度从左至右依次为10%、80%、100%，从上向下填充渐变颜色，按Ctrl+D取消选区，效果如图7-61所示。

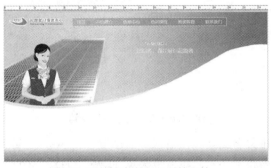

图7-61　填充渐变色后的文档

23 选择工具箱中的"横排文字工具"，输入文字"地址：东京市西青区滨水西道000号 电话00088888888 Coaapyright 2010-2011 All right reserveda Created Lingpaozhe" 设置字体为"黑体"，颜色为"白色"，对齐方式为"右对齐"，第1行字体大小为"12"，第2行字体大小为"10"，行间距为"18"，并添加"描边"图层样式，如图7-62所示。

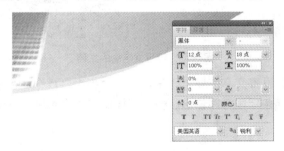

图7-62　设置文字后的文档

24 选择背景图层，创建"信息中心图标"图层，选择工具箱中的"椭圆选框工具"，按住Alt+Shift组合键从中心创建正圆形选区。设置前景色为"R212、G71、B17"，背景色为

"R248、G174、B54"，选择工具箱中的"渐变工具"，为选区从上向下填充前景向背景的渐变色，按Ctrl+D组合键取消选区，如图7-63所示。

图7-63　填充渐变色后的文档

㉕ 再次选择"椭圆选择工具"，按住Alt+Shift组合键从中心创建一个小一些的正圆形选区，按Delete键删除选区内的图像，如图7-64所示。

图7-64　删除选区后的文档

㉖ 选择工具箱中的"横排文字工具"，输入"信息中心 News"栏目文字，设置字体为"汉仪细中圆简"，设置字号为"16"，颜色为深灰"R45、G45、B45"，如图7-65所示。

图7-65　设置文字后的文档

㉗ 同样使用文字工具，设置文字字体为"宋体"，大小为"11"，行距为"18"，颜色和标题一样为深灰，输入6条新闻标题信息。使用同样的方法输入新闻日期，如图7-66所示。

图7-66　设置文字后的文档

28 创建"新闻图标"图层，选择工具箱中的"矩形选框工具"，在工具选项栏中，设置选区的计算方式为"添加到选区"，在每条新闻的前面创建小的正方形选区，设置前景色为橙色"R212、G71、B17"，按Alt+Delete组合键填充前景色，如图7-67所示。

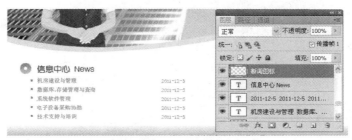

图7-67　为选区填充颜色

29 选择工具箱中的"文字工具"输入英文"MORE"，设置字体与大小，放置在信息中心栏目的右侧。选择"新闻图标"图层，按照绘制信息中心图标的方法，绘制表示"更多"的图标，注意中间的三角形可以通过多边形选区工具建立，如图7-68所示。

图7-68　设置文字后的文档

30 按住鼠标左键将图层面板中"信息中心图标"图层拖曳到创建新图层按钮上，从而复制得到"信息中心图标层副本"，改名为"热点链接图标"，使用移动工具将该图标移动到如图位置，可以借助键盘上的方向键实现位置的微调。

31 选择工具箱中的"移动工具"将文本移动到热点链接图标的位置后，使用文本工具选择文字，改为"热点链接 Hot"。使用文字工具，设定文字大小与字体，输入热点链接下面的文字信息，如图7-69所示。

图7-69　设置文字后的文档

32 选择工具箱中的"圆角矩形工具"，设定圆角半径为"8"，创建圆角矩形路径，使用路径选择工具选择路径，单击鼠标右键，在弹出的跨界菜单中选择建立选区命令，在弹出的对话框中单击"确定"按钮创建选区。选择"编辑">"描边"命令，设定描边颜色为"R210、G208、B208"，宽度为"1px"像素，单击"确定"按钮对选区描边，如图7-70所示。

图7-70　绘制圆角矩形

33 选中已做出的圆角矩形，进行两次"复制"、"粘贴"命令，向右平移，得到3个圆角矩形，如图7-71所示。

图7-71　绘制圆角矩形

34 选择 "文件">"打开"命令，打开配套光盘中"素材\模块07\任务3\电脑.png"文件，使用移动工具把电脑图片移动到效果图上，新移进的图形会出现在自动生成的"图层03"中。按Ctrl+T对图片自由变形，如图7-72所示，并改变图层的名称为"电脑"。

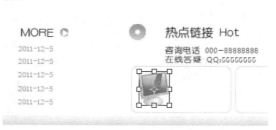

图7-72　导入图像

35 在"电脑"图层下创建"电脑阴影"图层，使用"椭圆选择工具"创建正圆形选区。

36 单击工具栏中的设置默认的前景背景色图标，设置"前景色/背景色"颜色为默认的"黑色/白色"，选择工具箱中的"渐变工具"，设定填充方式为"径向"，颜色为前景到透明，前景色不透明度为"70%"，如图7-73所示。

图7-73　"渐变编辑器"对话框

37 为选区填充渐变颜色，按Ctrl+T组合键将圆形渐变图案变形为椭圆形，按Ctrl+D组合键取消选区，如图7-74所示。

图7-74　填充渐变色后的文档

38 选择工具箱中的"横排文字工具"，设定英文字体为"Arial"，中文字体为"汉仪中圆简"，颜色为深灰"R80、G80、B80"，将文字信息设置于图片右边，如图7-75所示。

图7-75　设置文字后的文档

39 选择"图层">"新建">"图层"命令，新建"热点go"图层，选择工具箱中的"圆角矩形工具"，设定圆角半径为"10px"，创建圆角矩形路径，在"路径"面板中使用"选择工具"选择路径，单击鼠标右键创建选区，设置前景色为"R188、G248、B255"，背景色为"R17、G106、B236"，选择工具箱中的"渐变工具"，设置渐变方式为"菱形"，从中心向外拖曳鼠标，为选区填充从前景到背景的渐变颜色。选择工具箱中的"文字工具"输入文字"GO"，设置字体为"Bitsumishi"，大小为"10"，颜色为"白色"，如果没有对应的字体，可以选择适当的字体替换，效果如图7-76所示。

图7-76　设置按钮的文档

40 采用同样的方法可以设计"交通路线"和"今日天气"两个热点链接栏目。"交通路线"栏目圆角矩形按钮的颜色为深灰色"R111、G111、B111"，"今日天气"圆角矩形按钮的颜色为浅灰色"R165、G165、B165"，如图7-77所示。

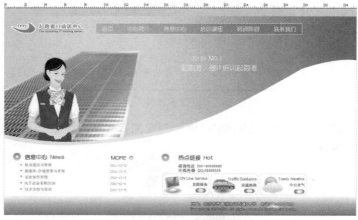

图7-77　导入图像

41 创建新图层并改名为"认证"，选择与创建热点链接图形同样的方法进行两次同样的操作，得出两个同样的圆角矩形，使两个图形上下对齐，效果如图7-78所示。

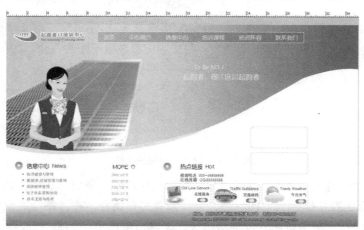

图7-78　绘制圆角矩形

42 选择 "文件" > "打开"命令，打开配套光盘中"素材\模块07\任务3\微软标志.png"和"Adobe标志.png"文件，选择"移动工具"将两幅图片移动到效果图窗口，按Ctrl+T组合键对图片进行变形，移动位置如图7-79所示，并为两个图片所在的图层改名为"微软"和

"Adobe"。

图7-79　导入图像

细节的补充

43 最后，检查网页元素并进行细节的补充，补充顶部的超级链接"Home Sitemap Contact US"，当然可以使用中文，或增加英文版等内容，得到首页效果图如图7-39所示，然后选择"文件">"存储"命令保存文件，如图7-80所示。

图7-80　"存储为"对话框

 **知识点拓展**

图层组

在网页设计制作过程中有时用到的图层会很多，超过100层也是常见的。这样即使关闭缩览图，"图层"面板也会很长，查找图层很不方便。虽然可以使用合适的文字命名图层，但是实际使用中为每个图层输入名字也很烦琐。因此，Photoshop提供的图层组功能大大解决了这个问题。

图层组的原理是将多个层归为一个组，这个组可以在不需要操作时折叠起来。无论组中有多少图层，折叠后只占用一个图层的空间。

（1）基本使用方法

单击"图层"面板右下角的"创建新组"按钮，新图层组就建成了。图层组的展开或者折叠可以从标志左边的三角箭头得知：箭头向下为展开，向左为折叠。新组默认是处于展开状态的，如图7-81所示。

新建的图层组默认为空组，可以通过"图层"面板将现有的图层拖入空组中，如图7-82所示。

图7-81　新建图层组

图7-82　将图层拖入图层组

（2）选择图层组方法

选择工具箱中的"移动工具"，在图像中右击，弹出图层列表。建立图层组后，在相应位置上右击就会出现图层组的名称，同时列出组中的图层名，注意位于组中的图层名字将向右缩进一些，如图7-83所示。

（3）删除新建图层组中的图层

如果要将"图层17"移出图层组，选择后直接拖出即可。如果在图层组被选择的时候单击"新建图层"按钮，新建的图层就会自动归入这个图层组，前提条件是图层组处于展开状态，如图7-84所示。

图7-83　组的子选项　　图7-84　在图层组中新建图层

（4）图层组属性

图层组与普通图层相同，在"图层"面板中直接双击图层组的名称即可更改名称。按住Alt键双击将会出现图层组属性，可以在其中修改名字和组颜色标志，如图7-85所示。如果更改了组颜色标志，那么组中所有层的颜色标志将被统一更改。

图7-85　"组属性"对话框

（5）图层组使用技巧

位于同一个图层组中的图层相当于一个整体，即使组中的各图层没有链接关系，它们也可以被一起移动、变换、删除、复制。前提是必须选择图层组，单独选择组中的层是无法整体移动图层组的。图层组也有"不透明度"选项，选择图层组后即可设定图层组的不透明度。

选择工具箱中的"移动工具"，按住Alt键移动可以复制整个图层组，这种复制方式在网页设计制作中的作用很大。

删除图层组的方法是在选择一个或多个图层后，按Delete键或Backspace键删除即可。

（6）建立子图层组

在"图层"面板中选中一个图层组，将其拖入另一个图层组中，就可以成为另一个图层组的子组，如图7-86所示。

图7-86　子图层组

合理的图层组织非常重要。第一，构成网页的图像细节很多，并且多有重复，使用图层组复制可以快速地制作各个部分。第二，可移交性在团队合作中是很重要的，良好的图层组织他人可以较容易看懂源文件并接手工作。第三，合理的图层组织说明操作者有清晰明朗的制作思路，说明操作者是一个富有经验的成熟设计师。

独立实践任务

任务 4 首页设计

任务背景

王小涛同学正在为自己设计网站，网页的主色调、导航栏、图片幻灯片和设计素材都已确定，下面设计一个完美的首页。

任务要求

设计制作一个首页，要求网页打开后不会出现水平滚动条。

尺寸要求：自定。

分辨率：72像素/英寸。

颜色模式：RGB颜色。

【技术要领】图层样式、特殊笔刷、蒙版的应用；文件名为英文名；保存文件。

【解决问题】设定文件尺寸；设定分辨率及色彩模式。

【应用领域】个人网站；企业网站。

【素材来源】无。

任务分析

_____

_____

主要制作步骤

_____

职业技能知识点考核

1．填空题

（1）在Photoshop CS5中，显示标尺的快捷键＿＿＿＿＿＿。

（2）在Photoshop CS5中，隐藏参考线的快捷键是＿＿＿＿＿，显示标尺的快捷键是＿＿＿＿＿。

2．单项选择题

（1）如果要使从标尺处拖拉出来的参考线和标尺上的刻度相对应，需要在按住＿＿＿＿＿＿键的同时拖拉参考线。

　　A．Shift　　　　　B．Alt　　　　　C．Ctrl　　　　　D．Tab

（2）＿＿＿＿＿＿工具可以方便地选择连续的、颜色相似的区域。

　　A．矩形选框　　　B．椭圆选框　　　C．魔棒　　　　　D．磁性套索

（3）＿＿＿＿＿＿工具可以用于所有图层。

　　A．魔棒　　　　　B．矩形选框　　　C．椭圆选框　　　D．套索

3．多项选择题

（1）在图7-87中的文字中粘贴了素材，＿＿＿＿＿＿方法可以实现这种效果。

图7-87　粘贴素材后的效果

　　A．首先在素材图层上制作文字选区（使用"横排文字蒙版工具"），选择"选择"＞"反选"命令，然后按Delete键

　　B．首先在素材图层上制作文字选区（使用"横排文字蒙版工具"），选择"选择"＞"反选"命令，然后添加图层蒙版

　　C．首先在素材图层的上一图层输入文字（使用"横排文字工具"），然后在"图层"面板中选中文字图层，选择"图层"＞"与前一图层编组"命令

　　D．首先在素材图层的下一图层输入文字（使用"横排文字工具"），然后在"图层"面板中选中素材图层，选择"图层"＞"创建剪辑蒙版"命令

（2）在Adobe Photoshop CS5中，＿＿＿＿＿＿可以创建选区。

　　A．利用工具箱上的基本选区工具（如矩形选区、圆形选区、行选区、列选区、套索工具、多边形套索工具、磁性套索工具以及魔术棒工具等）

B．利用Alpha通道

C．利用"路径"面板

D．利用快速蒙版

E．利用"选择"菜单中的"色彩范围"（Color Range）命令

（3）关于参考线的使用，以下说法正确的是_____。

A．将光标放在标尺的位置向图形中拖，就会拉出参考线

B．要恢复标尺原点的位置，用鼠标双击左上角的横、纵坐标相交处即可

C．将一条参考线拖动到标尺上，参考线就会被删除

D．需要用路径选择工具来移动参考线

Adobe Photoshop CS5

模块 08

切割网页图像

当在网页中插入一幅较大的图片时，网页的速度就会比较慢。为了加快网页的下载速度，可以把大图片分成若干个小图片，然后将这些小图片重新组合在一起，这就是Photoshop的切片技术。利用Photoshop提供的切片工具可以轻松地对图像进行切片。

能力目标
创建切片

学时分配
10课时（授课2课时，实践8课时）

知识目标
1. 了解Photoshop的切片工具
2. 了解优化、输出图像

模拟制作任务

任务 1 切割网页图像

任务背景

将"师生作品展示平台"首页切割成网页图像，为下一步在Dreamweaver中制作网站做好前期准备。

任务要求

使用切片❶工具创建切片，因为要以表格的形式定位和保存，所以要把设计好的首页切割成若干小块。

重点、难点

1．创建切片。
2．优化、输出图像。

【技术要领】Photoshop创建切片。
【解决问题】编辑图像切片。
【应用领域】企业网页切割。
【素材来源】素材\模块08\任务1\shouye.jpg。

任务分析

用Photoshop创建切片前一定要全面熟悉自己设计的网页，了解需要切片的部分，切片不等于把一张整图切成零碎的小块，而是要考虑下一步怎样在Dreamweaver中导入这些图片，为将来修改某一区域提供便利条件。因此，小区域的整图可以作为一个切片，将来修改时比较方便。

操作步骤

创建切片

01 选择"文件"＞"打开"命令，打开光盘目录下"素材\模块08\任务1\shouye.jpg"文件，如图8-1所示。

图8-1 首页

02 在工具箱中单击"切片工具"按钮,如图8-2所示。将鼠标移动到图像上方,按住鼠标左键并拖曳,对横向导航栏上方的图像进行切片,如图8-3所示。

图8-2 切片工具

图8-3 切割图像

03 依次为其他区域的图片进行切片，完成后如图8-4所示。

图8-4　切割区域规划完成

04 选择工具箱中的"切片选择工具"，如图8-5 所示。拖动需要修改的切片周围的边框来改变大小，如图8-6所示。

图8-5　切片选择工具　　　　　　　　　图8-6　选择修改的切片

05 继续在其他需要修改的切片上选择该切片，将其全部拖动到合适位置，如图8-7所示。

图8-7　调整切片

06 选择工具箱中的"切片选择工具"，在任意切片上双击，在弹出的对话框中进行编辑。
"切片选项"对话框是为了精确调整尺寸大小和位置时使用的，也可以为某一导航栏进行
超链接，在"URL"中输入对应的超链接地址即可，如图8-8所示。

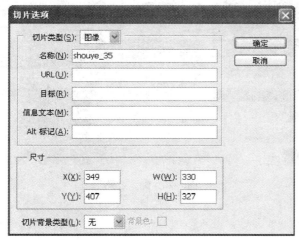

图8-8　"切片选项"对话框

输出切片

07 选择"文件"＞"存储为Web和设备所用格式"命令，打开"存储为Web和设备所用格式"
对话框，参数设置如图8-9所示。

图8-9　"存储为Web和设备所用格式"对话框

08 单击"存储"按钮，在弹出的"将优化结果存储为"对话框中将保存类型设置为"HTML和图像"，然后将文件保存在指定位置，单击"保存"按钮切片工作完成。打开网页文件中存放的HTML文件，可以看到所有的切片都被安放好了，浏览效果如图8-10所示。

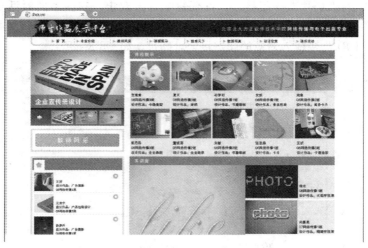

图8-10　浏览效果

知识点拓展

❶ 切片

（1）创建切片

切片工具组主要用于建立、编辑图像切片。其中，"切片工具"用于建立图像切片，"切片选择工具"用于选择图像切片。

①在工具箱中单击"切片工具"按钮创建切片时，可以使用不同风格的创建方式。在工具属性栏中，可在"样式"下拉列表框中选择所需的风格，如图8-11所示。

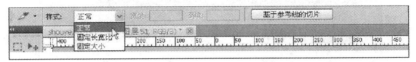

图8-11 "切片工具"属性栏

②在工具箱中单击"切片选择工具"按钮选择切片时，可以改变切片的位置和大小，在工具属性栏中可以选择多种对齐方式，如图8-12所示。

图8-12 "切片选择工具"属性面板

（2）编辑切片链接

在建立了图像切片以后，还可以为不同的切片建立超链接。

在工具箱中选择"切片选择工具"，在"切片"上双击，在弹出的对话框中进行参数设置，如图8-13所示。

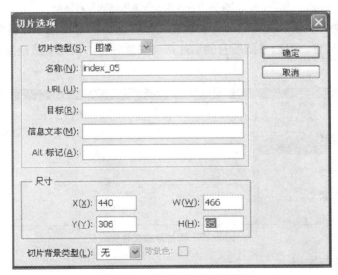

图8-13 "切片选项"对话框

"切片选项"对话框中主要有以下参数。

①切片类型：用于设置切片的类型，如图像类型。

②名称：用于显示被选择切片的名称，通过输入新的名称，可以为切片重新命名。

③URL：用于输入切片对应的超链接地址。

④目标：用于设置链接的目标网页在哪个窗口中打开。

⑤信息文本：用于输入在浏览器状态栏上显示的文本。

⑥Alt标记：用于输入切片的替换文字。

⑦尺寸：该选项用于精确指定切片的大小与位置。

（3）保存切片

① 选择"文件"＞"存储为Web 和设备所用格式"命令，打开"存储为Web 和设备所用格式"对话框，参数设置如图8-14所示。

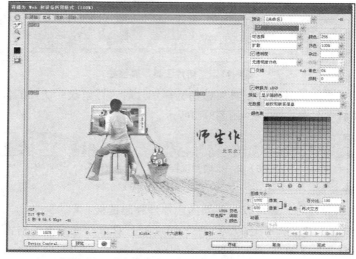

图8-14 "存储为Web和设备所用格式"对话框

② 单击"存储"按钮，在弹出的"将优化结果存储为"对话框中设置名称。打开网页文件中存放的HTML 文件，可以看到所有的切片都被安放好了，而且下载速度也快了许多，如图8-15所示。

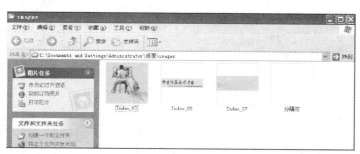

图8-15 切片存放文件夹

❷ 图像的优化与输出

作为专业的网络图像处理软件，Photoshop为用户提供了一种非常好用的图像优化方法，即在处理图像的过程中随时可以查看原始图像与被优化图像的对比效果，同时还可以选择所需的优化方案，从而达到最终优化图像的目的。

01 选择"文件">"存储为Web和设备所用格式"命令，打开"存储为Web和设备所用格式"对话框，参数设置如图8-16所示。

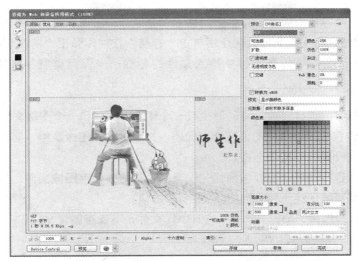

图8-16   "存储为Web和设备所用格式"对话框

如图8-16所示的对话框上有4个视图标签，依次是"原稿"、"优化"、"双联"和"四联"，在对话框的下端还提供了图像文件的相关信息。

①原稿：单击该视图标签，显示原始的图像大小及状态。

②优化：单击该视图标签，显示当前优化设置下的图像大小及状态。

③双联：单击该视图标签，同时显示原始图像与优化图像。

④四联：单击该视图标签，同时显示原始图像及3种优化图像的大小与状态。

02 单击"四联"视图标签，从中可以看到第三个预览图像最小，只有13.56KB。单击该项预览图像，则图像四周显示一个深色边框，如图8-17所示。

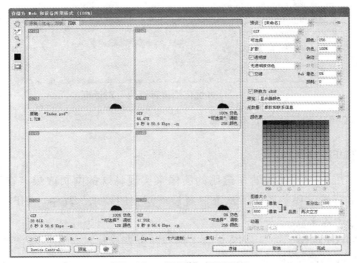

图8-17   "四联"视图界面

03 单击"存储"按钮即可将优化的图像保存。

❸ 输出优化图像

01 选择"文件">"存储为Web 和设备所用格式"命令，弹出"存储为Web 和设备所用格式"对话框，对图像进行优化处理。优化后单击"存储"按钮，弹出"将优化结果存储为" 对话框，在"文件名"下拉列表框中输入文件的名称，"保存类型"包括3种，如图8-18所示。

①HTML和图像：选择该项，将同时生成一个HTML文件和一个图像文件，两者是独立的文件。HTML 文件包含了网页中的任何资源代码，如超链接、图像映射、翻转按钮及动画。图像文件将保留优化设置时的选项与格式。

②仅限图像：选择该项，可以按照优化设置选项与格式保存图像文件，如果图像中存在切片，每一个切片都将被保存为独立的图像文件。

③仅限HTML：选择该项，只产生一个HTML文件，不保存图像文件。

图8-18 "将优化结果存储为"对话框

02 单击"保存"按钮，即可保存优化图像。

❹ 输出透明GIF图像

制作网页时，经常需要使用背景透明的图像来实现特殊的网页效果。在Photoshop中，可以非常容易地输出背景透明的图像，从而满足设计网页的要求。其中，GIF格式、PNG格式的图像均支持背景透明效果。

在输出透明的GIF图像之前，原图像中必须存在透明区域。如果没有透明区域，可以利用魔术橡皮擦工具创建透明区域。

01 创建一个含有透明区域的图像，选择"文件">"存储为Web 和设备所用格式"命令，弹出"存储为Web 和设备所用格式"对话框，在对话框中的文件格式下拉列表中选择"GIF"选项，勾选"透明度"复选框，如图8-19所示。

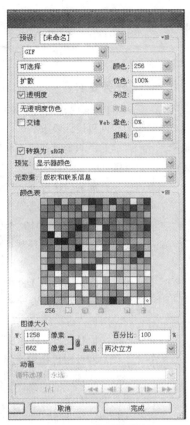

图8-19　设置透明GIF

02 单击"保存"按钮，可以将图像输出为背景透明的GIF图像。

独立实践任务

任务 2 整体网站设计

任务背景

王小静同学已经完成了自己的个人网站设计，反响很不错，一家网页设计公司打算聘请王小静为兼职网页设计师，前提是要求她做一套商务型企业网站的网页设计效果图。

任务要求

设计一套商务型企业网站。

1. 网页设计要求

（1）网页宽度保持在1002以内，如果满框显示，高度是600～615。

（2）需要设计首页、二级页面、三级页面。

（3）栏目设置合理。

（4）页面结构设计富于现代感，清晰明快、稳健。

（5）色彩配置能反映所选企业的本质特色以及企业的文化内涵。

（6）图文适合所选企业形象要求。

（7）创意新颖、设计精美、结构合理、功能完备。

2. 网页内容

（1）信息发布及新闻。

（2）网页栏目初步设想（公司概况、公司章程、经营范围、公司资质、组织机构、规则制度、联系方式等）。

3. 创意阐述

同类网站的比较分析，阐述自己所设计的网站特色。

【重点难点】Photoshop的综合应用。

【解决问题】设定文件尺寸；设定分辨率及色彩模式。

【应用领域】个人网站；企业网站。

【素材来源】无。

任务分析

主要制作步骤

职业技能知识点考核

1．填空题

（1）当在网页中插入一幅较大的图片时，网页的下载时间比较长，速度比较慢。为了加快网页的下载速度，可以把大图片分成若干个小图片，然后将这些小图片重新组合在一起，就是所谓的_____，利用Photoshop提供的_____，可以很轻松地对图像实施切片。

（2）按住_____键的同时在图像中拖曳鼠标，可以创建正方形切片。按住_____键的同时在图像中拖曳鼠标，则以鼠标的落点为中心创建切片。

2．多项选择题

（1）切片工具的样式包括_____。

A．正常　　　　　　B．固定长宽比　　　　　C．固定大小　　　D．固定像素

（2）存储为Web 和设备所用格式的视图标签依次为_____。

A．原稿　　　　　　B．优化　　　　　　　　C．双联　　　　　D．四联